我这一生，只做了"老师"这一件事，
分分秒秒都在围着这件事情转。

——马芯兰

研究改进教育方法，更加有效地开发学生智力，适当减轻学生负担，全面提高教育质量。

题赠马芝兰老师

李岚清
一九九五年十月廿三日

中国科学院应用数学研究所

马芬兰老师：

　　五(1)同学的来信我已收到。
谢谢！因为我即将去广州，草草写
了几句为答，请耽误转交给同学们。

　　此事请勿传扬，否则我将应
接不暇了。

　　此致
　　敬礼
　　　　　　华罗庚
　　　　　　1988. 4. 28.

答幸福村中心小学
　五(1)班同学们：

收到赠品情　飘悦在我心
为国做贡献　深谢好人民

自助又不移之志，
长大永怀赤子心。
为四化献身，而翻江斗志成，
旨愿规律在，今人超古人。

远行始于脚下，
登高必自底层。
基础打稳步步高，
万丈高楼平地起！

　　　　　　华罗庚
　　　　　　1985. 4. 28

芯兰同志：

我看了六月二十三日《北京日报》头版头条大篇幅报道了您创造新的数学教学法的消息。今天《北京日报》又报道了您教的小学四年级学生考升初中数学题平均94分以及孩子们向您送花致意的消息。作为一个老教育工作者，我实在感到高兴！我不能自禁地停下其他一切工作，给您写这封信，对您在教学中开创的奇迹，表示由衷的祝贺！

您的教学有很大的创造性，重要的目的还在于培养和发展学生的创造性。您真正做到了不仅教会学生知识，而且还教会学生会学知识。您用教学实践，非常有说服力地解决了减轻学生学习负担过重的问题。您是我们小学数学教学的一位革新家。祝愿您再接再厉，使您创新的教学法更臻完美。

您的功绩，使我深受鼓舞、感动，即兴吟小诗一首，权作纪念。

四十二双小手伸向您，
感谢您用心血对他们的哺育。
您在平凡的工作中努力创造，
创造出惊人的奇迹。
您深知祖国需要大批优秀人才，
您就有了源源不断的动力。
我衷心地祝愿啊，
您勇往直前地高举着教学改革的红旗！

韩作黎1984年6月27日。

中华人民共和国国家教育委员会

山芯玉 同志:

中央教育科学研究所和基础教育课程研究中心拟编以中国教师以创造川一书。向国内川发行。经商定请您选写以此芯主教学和教材特色(反题为一文，全文不超一万字为佳。并将您以同方和获奖情况附后，直诊于今年九月十日前寄到北京市西单国家教委基础教育教学二处桂尊莹。邮编100816

感谢您以合作！

国家教委基础教育司
教容二处
1993.7.13

多少年来，马芯兰老师不但关注教学方法改进，而且特别关注教师和学生对数学的理解，关注数学思想、方法的教育。从根本角度，马芯兰教学法改变了小学数学难学、难教的状况，对北京的小学数学教育质量提升，做出重要贡献。这本新著，系统总结、分析了马芯兰数学教育思想，在诸多方面，结合当下小学数学教育中存在的问题，给出针对性、实效性很强的认识指导和改进建议。确是一本有益于数学教师提升素养的好书，是一本适合时代需要的好书。

文喆

2020.5.17 北京

学科是有规律的，
探索出成果，需要师生
的付出。

张先璎 敬上

以培养儿童生命智慧为已任，以振兴朝阳基础教育为使命，以发展数学教育科学为毕生追求，马芯兰老师的教育思想是其呕心沥血千磨百炼的智慧结晶，是朝阳教育筚路蓝缕昂扬向前的奋斗缩影，更是本民族教育理论厚植中国根基、全面开拓创新的时代之光。

杨碧君

2020.5.18 北京

| 学 生 发 展 丛 书 |

马芯兰　孙佳威 /著

开启学生的数学思维

对马芯兰数学教育思想的再认识

北京师范大学出版集团
BEIJING NORMAL UNIVERSITY PUBLISHING GROUP
北京师范大学出版社

图书在版编目（CIP）数据

　　开启学生的数学思维：对马芯兰数学教育思想的再认识／马
芯兰，孙佳威著 . —北京：北京师范大学出版社，2021.1
（2021.12 重印）
　　（学生发展丛书）
　　ISBN 978-7-303-26505-3

　　Ⅰ . ①开…　Ⅱ . ①马…　②孙…　Ⅲ . ①数学教学－教学研究
Ⅳ . ① O1-4

　　中国版本图书馆 CIP 数据核字（2020）第 216234 号

营 销 中 心 电 话　　010-58802135　58802786
北师大出版社教师教育分社微信公众号　　京师教师教育

出版发行：北京师范大学出版社 www.bnup.com
　　　　　北京市西城区新街口外大街 12-3 号
　　　　　邮政编码：100088
印　　刷：保定市中画美凯印刷有限公司
经　　销：全国新华书店
开　　本：170 mm×240　mm　1/16
印　　张：14.5
字　　数：224 千字
版　　次：2021 年 1 月第 1 版
印　　次：2021 年 12 月第 3 次印刷
定　　价：60.00 元

策划编辑：伊师孟　　　　　　　责任编辑：马力敏
装帧设计：焦　丽　　　　　　　美术编辑：焦　丽
责任校对：康　悦　　　　　　　责任印制：马　洁

序言一　用心灵启迪智慧

很荣幸为马芯兰和孙佳威两位老师合作的新著《开启学生的数学思维——对马芯兰数学教育思想的再认识》写几个字。

我最早知道马芯兰及其教学法是 20 世纪 80 年代，那时我刚刚涉足小学数学的教学和研究领域。因为在大学工作的原因，我了解了一些国内外著名的教学改革主张和名目繁多的教学方法。马芯兰老师当时提出并且实践的以学生思维发展和小学数学结构为主线的小学数学教学改革给我很大启发。我在大学课堂中也经常介绍"马芯兰小学数学教学法"。第一次认识马芯兰老师是在特级教师吴正宪老师的一次研究活动中，马老师谦虚、诚恳、朴实的为人和态度，给我留下了深刻的印象。2019 年 10 月，中国教育学会小学数学教学专业委员会的一个活动在马老师任校长的北京市朝阳区星河实验小学举行。这次有机会和马老师面对面地交流小学数学问题，更深入而直接地理解马芯兰数学教育思想的本质及其价值，更为马老师的人格魅力所感染。所以，能为马老师和孙佳威老师共同重新整理提炼马芯兰数学教育思想的大作写几个字我感到很欣慰。

孙佳威老师虽然早就认识，但真正了解还是 2017 年孙老师作为学员参加我们组织的"国培计划——示范性教师工作坊高端研修项目"的培训活动。这是一种探索式的培训，孙老师以及来自全国各地的学员都是精选的优秀教师和有丰富培训经验、能力的教研员。孙老师作为工作坊的主持人，以极大的热情投入培训活动之中，不仅全程参与培训活动，还精心设计了围绕小学数学"数的运算"为主题的单元整体教学设计，并在培训活动中展示交流，表现出对小学数学教学的深入理解，以及研究和探索小学数学问题的态度和能力。作为马老师从教的北京市朝阳区的教研员，孙老师多年来耳濡目染马老师的数学教育思想，这次又将马老师的数学教育思想以新的视角进行梳理，深挖其中的本质，展示教学实例，是对小学数学教学研究的贡献。

　　本书阐述了马芯兰数学教育思想的本质特征、价值追求和实践样态，展示了数学教育研究者和教师们在马老师不懈探索和求真务实的精神感召下，对小学数学教育的实践历程。马芯兰数学教育思想是基于实践产生的，几十年来又不断在实践中得到运用和发展。本书所展示的内容为我们进一步理解马芯兰数学教育思想提供了范例。

　　小学数学教学改革的核心要素：一是要面向学生，适应学生的学习，促进学生的发展；二是要体现数学的学科本质，将数学核心的内容和思想展示给学生。数学思维和学生视角是小学数学教育最重要的两个着眼点。马芯兰数学教育思想正是这两个要素的高度融合。马老师几十年来致力于小学数学教育的探索，集中体现了两个基本特征：一是依据数学的本质特征梳理小学数学的核心概念，使这些核心概念形成一个有结构的互相关联的知识网络，遵循这一知识网络勾画出核心概念所反映的数学思想、体现的数学思维。二是将这些以数学思维引领的数学知识体系中的关键问题、核心思想贯穿于数学教学活动之中，引导学生在学习过程中思考，通过思考解决问题。学生在数学知识的探索中引发数学思维，运用数学思维，发展数学思维，进而使得具体的数学内容的学习摆脱单一的、零散的、碎片化的状态，形成整体的、网状的、相互关联的知识体系和思维方法，从而达到思维的深刻性、内容的拓展性和方法的可迁移。

　　马芯兰老师半个世纪始终不渝对小学数学的执着研究为我们树立了典范，她用信念产生思想，用思想引领行动，用心灵启迪智慧。马芯兰数学教育思想影响和感动着一批批数学教育研究者和实践者，这一教育思想将持续为中国小学数学教育改革产生引领和推动作用。

2020 年 4 月 5 日于长春

序言二 情怀 智慧 坚守

　　马芯兰老师和孙佳威老师共同合作的《开启学生的数学思维——对马芯兰数学教育思想的再认识》的新书即将和大家见面，这是我和小学数学教师朋友们很期待的一件事情。我有幸先睹为快，连续多日沉浸在书中，深深地被马芯兰老师和孙佳威老师对小学数学教育的情怀与智慧而感动，被她们几十年无怨无悔地坚守在平凡的工作岗位，聚精会神地做好小学数学教学改革的精神而折服。边读边随手写下几个字——情怀、智慧、坚守，就作为我的学习体会吧。

　　我是读着马老师的书，跟随着马老师教学改革步伐成长起来的教师，马老师的教育思想对我的影响尤为深刻。我清晰地记得20世纪80年代初期，当我在教学改革的道路上蹒跚摸索不知所措的时候，马芯兰老师鲜活的教改经验令我眼前一亮，我深深地被学生乐学、善学、会学、爱学的学习状态所打动，特别是学生课堂上的自主提问、互动质疑、思维碰撞的场面，引发了我的好奇，这是怎样神奇的教法使然？我好像在茫茫的沙漠中看到一块生命的绿洲，从此跟着马老师一步一步走进那充满生机的数学教学世界。当我真正走近马老师的时候，蓦然发现她的教学改革绝非仅仅是教学方法与学习方式的改革，而是更多融入了她的教育思想和智慧。"马芯兰小学数学教学法"实验是科学化、结构化、系统化的整体性改革实验。马老师以学生的全面发展为目标，以促进学生的数学思维能力提升为核心，以数学知识的系统整体建构为路径，开始了艰辛的教改实践探索。她把对事业、对学生真诚的挚爱与责任担当融入其中，我从马老师为学生所创设的支持性学习环境中可以感受到她教育思想的深刻内涵，以及她浓浓的教育情怀和特有的教学大智慧。

马老师有情怀，很敬业。她专注执着，心无旁骛，专心致志与学生相处，与数学相遇。几十年来，她以纯粹之心全情投入小学数学教育探索之中。为了"开发学生智力、减轻学生负担、提高教学质量"，一头扎在课堂里，研究学生，研究数学。一干就是几十年，几乎忘记教学之外的一切。半个多世纪以来从来没有停下学习的脚步，读书、思考、实践，便是工作常态。她读课标、研学生、磨教材、解难题，对小学数学教学关键问题进行深入解析。有时为了一个数学概念，她可以不厌其烦地追问，持之以恒地凝神静思，可见她的严谨、认真与敬业。马老师教的是小学数学，却以大视野的角度站在了学生发展的高位；马老师身处的是小学校园，拥有的却是对国家教育发展的大情怀、大担当。

马老师有智慧，很专业。她潜心研究实践，努力改变学生仅凭记忆和模仿的学习模式，积极探索教学改革新路。她把"培育学生做人做事的良好品行，唤起学生学习兴趣信心，促进学生思维能力发展"作为教学改革的重要目标。她从教材改革入手，根据知识间的内在联系与儿童智力发展的特有规律，重新组建数学知识结构；将拥有共同本质特征、体现相同逻辑关系的数学知识，集合在一个鲜明的主题下，建立知识结构群。使碎片化的知识系统化、结构化、逻辑化，实现核心概念的统领与整合，使学生在高质量的课堂学习中获得了可持续发展的动力。正如教育家温寒江先生所说:"马芯兰老师的教学改革是根据儿童心理发展的规律,运用心理学迁移的原则,改革教材和教法,突出能力的培养。自编的培养数学能力的试验教材,给我们提供了一个完全新的、十分可贵的经验。"马老师以她的教育智慧与专业绘制了一幅小学数学教学改革蓝图,走出一条极具特色的教学改革之路。她的教改实验荣获基础教育国家级教学成果一等奖,实至名归。

本书的第二位作者是孙佳威老师。30年前,她还是一位基层"马芯兰小学数学教学法"实验教师,如今已经成长为一名优秀的数学教研员。她跟随马芯兰老师多年,对"马芯兰小学数学教学法"有深刻的理解。多年来她一直在进行马芯兰数学教学法的学习、研究和实践,致力于马芯兰数学教学方法的传播和推广。她带领全区实验校的数学教师,从读马芯兰老师的书和文章入手,领会其精神实质;走进马芯兰老师的课堂,直观感受"学生思维的活跃才是数学课堂生命力所在"的意义;以组织实验校践行"马芯兰小学数学教学法"为路径,开展全区教师现场教学研修。她努力将马芯兰数学教育思想的精髓与实践根植于朝阳区教育这片沃土中。

孙佳威老师有着与马老师一样的初心,一样的情怀,一样的坚守。为了探索适合学生发展的教学改革之路,她勤奋工作,深入学校、深入课堂,踏踏实实地做研究。她是一位勤于思考、善于研究、热心为基层学校服务的教研员。《开启学生的数学思维——对马芯兰数学教育思想的再认识》的新作,正是记录了孙佳威老师在马老师教育思想指导下带领老师们研究实践的历程。她深入学习理解马芯兰数学教学法的精髓,引导基层实验教师抓住小学数学教学的关键问题,建立起以核心概念为统领的知识群,把发展变化中的数学知识连成知识链,构建成知识网,形成脉络清晰的立体的知识模块,在帮助学生不断地完善认知结构的同时,获得认识事物的普遍方法。她带领基层实验教师努力寻找到撬动学生思维的发展点，燃起学生自觉思考的动力，促进学生的主动发展。她以扎实、求实的工作作风，引领着一线教师的进步，也实现了自身专业发展的再成长。

《开启学生的数学思维——对马芯兰数学教育思想的再认识》一书，以发展学生思维为核心话题，深入系统地阐述了马芯兰老师数学教育思想的内涵，再一次引发了我对小学数学教育的再思考。该书是"马芯兰小学数学教学法"实践探索的深化和发展，当我们重新审视这一经验时，更深切地感受到马芯兰数学教育思想的时代感和前瞻性。这项改革实验是全方位的改革，一是关注"人"的整体发展。把"人"的发展作为教育的出发点和归宿，确立了以学生发展需要的多元化的教育目标，重视学生核心素养的培育，促进学生的全面发展。二是关注"课程"的整体发展。站在整体把握小学数学课程的高度，在知识的系统建构上，提出"给核心概念以核心地位，构建良好的知识结构"的基本理念。从众多的概念中筛选出最具有普遍意义和起决定作用的概念作为核心，以点带面，不断引申，形成了纲目清晰、主次分明、具有一定逻辑关系的数学知识体系，这是该实验的重要特色。三是关注学生"思维"的整体发展。该书从发展学生思维的角度提出，"以思维培养为中心"开发学生的智力，启迪学生的智慧，培养学生的数学能力和创新能力；提炼出"结构化思维"和"理解的学习"两大特色；根据学生智力发展的特点和规律通过渗透、迁移、交错、训练的学习方式，举一反三，达到融会贯通；培养学生科学求实的理性精神，让"质疑"成为学生的思维常态，实现马芯兰老师所说：学生思维的活跃才是数学课堂生命力所在；将数学学习过程与数学思维培养有机融合，最终将思维能力的培养落到实处。

《开启学生的数学思维——对马芯兰数学教育思想的再认识》一书，记录着德高望重的马芯兰老师多年积累的宝贵教学经验和朝阳区实验教师的实践探索。她们始终没有停止创新和探索的脚步，不断研究实践、不断创新。书中既有理论又有实践，既有对小学数学教学改革的理性思考和鲜明的数学教育主张，又有触手可及、极具特色的可借鉴学习的教学经验，是一本值得老师们好好品读的好书。相信《开启学生的数学思维——对马芯兰数学教育思想的再认识》一书，一定会对小学数学教育的深化改革起到很好的促进作用，促进大家对"马芯兰小学数学教学法"的再实践、再探究、再思考，从而更好地把握数学的本质，把握儿童数学学习的规律，进一步明确教与学、知识与素养、学习与发展之间的关系，促进学生的全面发展。

吴正宪

2020 年之春

序言三　追梦教育　人生隽美乐章

　　我与马芯兰老师亦师亦友,为什么这么说呢? 因为马老师是我的导师,我也是追随着"马芯兰小学数学教学法"一路成长起来的教师。一路走来,马老师不但是我教育教学的导师,更是我人生的导师。马老师的人格魅力不断感染着我,激励着我,在我教育人生的关键节点上,都会有马老师真诚的指引与帮助。当我还是实习教师的时候,听着马老师的课,课上她虽然话语不多,但学生思维奔腾得让我痴迷,我甚至跟不上学生的节奏,每一节课都是一份饕餮盛宴,真是享受!近40年了,现在回忆起来还犹如昨天。马老师对数学教育的深度思考,对学生思维品质的培养直接影响着我的课堂,同时也影响着我作为数学教研员的研究方向。后来与马老师的接触越来越多,我们共同探讨数学教育中的热点、难点问题,共同畅享数学教育的未来,对数学教育的热爱成为我们共同的追求。

　　"教学要着眼于整体,要促进学生思维品质的发展",马芯兰老师在40年前就已经提出并做出了整体构建。其"整体把握"的基本理念和"以促进学生思维发展、以知识迁移为创造条件"的基本理念,都极具先进性和科学性。马芯兰老师站在整体把握小学数学课程的高度,以独特的视角重新审读了小学数学教学内容，对"数与代数"领域中的540多个概念之间的从属关系进行了深入的研究，将起决定作用的十几个最核心的概念提炼出来，以核心概念中的核心"和"为统帅有机地加以勾联，从而使得小学数学"数与代数"领域中的知识形成了一个完整的结构体系。著名的马芯兰数学知识结构图（书中第一章呈现）由此产生，以"图"为引领，按图索骥，成功地做到了把书越读越薄，使学生越学越觉得容易，越学越觉得有兴趣，负担轻且成绩高。

在课程改革不断推进的今天，在大数据兴起的时代，教育将面临怎样的挑战？21世纪的学生，应在怎样的背景下学习？我们如何评价学生？马老师说道："学生的健康成长用什么来衡量？是用分数？或者是奖状？还是所谓的特长？我认为，不能单纯地用这样的标准来评价一个孩子。在我眼里，每个孩子都是好孩子。教育一定要有赢在终点的视野，着眼于学生未来的长远发展。在学生小学阶段的发展中，我更注重'存入'，不计'产出'。为学生'存入'的是各种未来的可能性，而不是一个个枯燥的分数、一块块没有生命的奖牌。"带着这样的深度思考，从2014年4月开始，在北京市教育学会李观政会长的大力扶持下，在朝阳区教委的大力支持下，我跟随着马芯兰校长，以星河实验小学为龙头，带领朝阳区28所实验校围绕"马芯兰小学数学教学法"展开与时俱进地研究，在继承"马芯兰小学数学教学法"的同时，又重点围绕着数学学科核心素养从课程的角度进行完整构建，并命名为马芯兰"翼课程"，对这一国家级教学成果进行了深化，并以此为抓手启动了朝阳区义务教育阶段课程改革的项目研究。已是古稀之年的马芯兰老师仍然每天都要走进课堂，与老师和孩子们一起上课、听课，每次项目活动都要亲临会场，给予具体指导，她说："只要走进课堂，我就浑身充满了力量，与孩子们在一起，才是我最幸福的事情。"马芯兰老师对数学教育的执着思考，深邃独到的见解，对学生的无限的尊重与热爱，可以说影响着我们几代教师追逐自己教育的梦想，始终引领着时代的教育步伐。

跟孙佳威老师认识也有 20 多年了，可以说孙老师成长的每一步，我都看在眼里。我们经常一起探讨数学问题，一起备课，一起听课，多少个深夜挑灯夜战，记忆犹新。

孙佳威老师是作为推广马芯兰数学教育思想的教研员调进教研室的，她的职责就是使马芯兰数学教育思想在朝阳区的沃土上不但生根、发芽，还要助其长成参天大树。我亲眼看到孙老师带领实验校的老师们，读马老师的书，学习马老师的经验，并多次走入马老师的课堂亲身实践。一次次对马芯兰数学教育思想的解读与分析，一次次有营养的研究分享，历历在目。我亲身感受到了她们在一次次的学习与实践中，不断地去读懂马芯兰数学教育思想，领会其精髓，努力创新的艰辛与快乐。正是源于这样的坚持与坚守，我们看到很多青年教师在孙佳威老师的带领下茁壮成长。可以说，这 20 年，是我见证孙佳威老师不断爬坡前行的 20 年，更是我见证马芯兰数学教育思想不断发展、与时俱进的 20 年。

马芯兰老师和孙佳威老师共同合作的新书《开启学生的数学思维——对马芯兰数学教育思想的再认识》即将面世，作为一名数学教育战线的老兵，我有幸提前深读了这本书。几天的阅读下来，我为马老师孜孜不倦、与时俱进的研究感动，为孙老师对马芯兰数学教育思想的再认识、提炼感动，更为这本书内容的深刻与前瞻感动。这本书不但把马老师几十年的经验与思想精髓进行了梳理和归纳，结合典型的课例、实例进行了精准的解读，而且还结合当前教育前沿问题进行了深入的思考与浅出的实践。书中提出了"结构化思维"和"理解的学习"的观点，并从这两个基本观点出发，把马芯兰老师提出的"渗透、迁移、交错、训练"的纵横贯通的课堂教学方式、结构进行了理论的提升，同时使得"给核心概念以核心地位，构建良好的知识结构"的基本理念得以有效落实，真正实现了"将学生思维能力的培养落到实处"这一基本的教育理想。可以说，这本书内涵丰富，具有鲜明的时代性和前瞻性。

　　追梦教育，马芯兰老师几十年如一日醉心于教学的研究与教育的改革，使得中国教育之花更加绚丽多彩。我们都是马芯兰数学教育思想的受益者、追随者，马芯兰数学教育思想必将持续对数学教育的研究者和实践者产生深远的影响，必将持续为中国小学数学教育改革产生引领和推动作用。

2020.6　北京

前言一 半个多世纪的求索

从 1966 年至今，我已经在教育战线工作了半个多世纪。

学生时代，我就从看过的电影、学习的历史中明白，祖国遭受欺凌，是因为落后。落后就要挨打。从那个时候开始，我就暗暗下定决心，为了祖国的富强，决心做好教书育人的工作。

为了提高学生的学习情趣，让学生学好知识，我给学生讲英雄的故事，讲新中国成立前中国人民受苦受难的历史，激发学生为祖国的富强而努力刻苦学习。由此，我教过的学生都很努力，学习成绩都是很好的。他们个个正直，有理想，有远大抱负。至今我仍为之骄傲自豪。

随着时间的推移，我的教育教学改革取得了可喜的成绩，受到社会、学生、家长的肯定和欢迎，电台、报纸等很多媒体都来找我采访，了解宣传我的"事迹"。

半个多世纪以来，我得到过党和各级政府给予的很多荣誉和奖励，这是党和人民对我的鼓励，使我深感责任重大。一切的荣誉和宣传，不是我要追求的。我的初心是使孩子们个个快乐健康成长。因此，我更加勤奋努力，专心致志，在深化数学教学改革上继续探索，继续在减轻学生课业负担、提高教学质量、教好书、育好人上下功夫。那些时日，我几乎忘记了教学之外的一切事项。

就在我践行初心的苦苦追求中，有一位同行参与了我的改革探索，助我前行，为我增力，让我很感欣慰。她叫孙佳威。与孙老师见面时的情景我至今难忘。30年前的一天，我在东大桥小学礼堂做报告，午休时老师们都到外边散步，唯有空旷的会场西北角落静静安坐着一位瘦小的老师用心地整理着笔记，这一份用心，一用就是30年。

孙老师有着与我一样的初心，有着与我同样的执着。她非常用心钻研、践行"马芯兰数学教学改革经验"，30年一刻也没有松懈。她不为任何荣誉名利所打动，全心全意在一线与老师和孩子们一起研究，一起探索。她不懈追求，用科学的态度、实事求是的精神、不屈不挠的勇气，在实践中尝试，在尝试中寻求。功夫不负有心人，30年的辛苦付出，终于结出了丰硕的成果。

《开启学生的数学思维——对马芯兰数学教育思想的再认识》这本书，是孙老师在践行马芯兰数学教学改革探索之路上交出的答卷。这份答卷抓住了小学数学最核心的知识，找到了撬动学生思维的金钥匙。

目前我们有《开启学生的数学思维——对马芯兰数学教育思想的再认识》，还有校本课程《小学数学思维解码》《百节微课》，可以无愧地向祖国和人民汇报了。

以我们几代人的不懈奋斗告诉国人、告诉世界：中国的数学基础教育是最棒的。

《开启学生的数学思维——对马芯兰数学教育思想的再认识》付梓之际，又一次引起我深情的回忆。半个多世纪的求索，不负岁月，攥紧拳头，坚持不懈地干好这一件事，过程虽然艰辛，但收获令人欣慰。在探索的道路上，孙佳威老师有着相同的坚守，我为身边有这样的知音、挚友而感到幸福和自豪。

我想用自己半个多世纪求索的回忆，作为新著出版的前言，同时也是对这么多年在教学改革科研工作中给予我大力支持、关心、帮助的人们表示的真挚谢意。

马芯兰

2020 年 3 月 28 日于北京寓所

前言二　与马芯兰数学教育思想之缘

　　每当我整理、记录我的教学经历时，"马芯兰"这个名字就会不断涌现，可以说，我做教师的这 30 年，她始终伴随着我，看见过我初登三尺讲台时的懵懂羞涩，激励过我在探索中爬坡前行，见证了我的辛勤付出与收获，陪伴着我一路成长。我觉得用"与马芯兰数学教育思想之缘"这个题目来表达我的教学经历是最贴切不过的了。

初识马芯兰数学教育思想

　　我 1988 年参加工作，适逢马芯兰数学教学改革实验，上班初始我就投入教改实验中，并有幸师从数学特级教师陶晓芳。在陶老师手把手的教导下，从一年级到六年级，不断地学习、实践，使我对数学教学、对马芯兰数学教育思想有了最初的认识与感悟。

　　记得我参加工作的第三年就被学校推荐参加了"朝阳区推广马芯兰数学教学法课堂教学"评优活动。我上的是一节解决问题的课"归一问题"，有幸的是马芯兰老师亲自听的我的课，并在课后对我进行了指导，她问我："解决问题的学习，应该抓什么来进行教学？"我说：

"抓思路。"马老师说:"首先抓的是关系,数量关系。"这么多年过去了,马老师说的这句话我一直没忘,仿佛就发生在昨天,它一直指导着我对解决问题课教学的认识,也指导着我对数学本质的认识。

每个星期区里都有教研活动,经常安排在马芯兰老师所在的学校——朝阳区幸福村中心小学(后改名朝阳区实验小学)。参加教研活动是我最高兴的事情,因为能够听到、得到马芯兰和陶晓芳两位老师的指导。备课本是我最宝贝的东西,因为上面记满了老师们的点评以及我的感想、困惑。在马芯兰和陶晓芳两位老师的指导下,我对教材的理解、对课堂的感觉越来越自信,先后录制了"图形的认识""11~20各数的认识"等录像课,当作学习资料供老师们学习。

在学习、实践马芯兰数学教育思想的过程中,我对马芯兰老师常常说的"给核心概念以核心地位""数学教学是思维的教学"的基本理念有了最初的感悟。我只要备课,就会不自觉地思考:这个知识,它的核心概念是什么?与这个核心概念有关系的知识还有哪些?在教学中我该提什么样的问题体现这个核心概念?我怎样做才能把学生的思维调动起来?……这些思考一直伴随着我,形成了一种习惯,它也是我对数学教学、对数学课堂的理解。

推广马芯兰数学教育思想

1996年,朝阳区教研室需要一名推广马芯兰数学教育思想的教研员,就这样我从一名普通的学科教师成长为了一名小学数学教研员。

为了使自己能够尽快地胜任这份工作,此期间,我再次研读了大量马芯兰老师撰写的文章《谈马芯兰小学数学教学思想的几个特点》《马芯兰教学思想浅析》《构建新的知识结构 培养学生思维能力》等,再一次地思考:"'整体把握'教学内容,核心概念的作用、价值""渗透、迁移、交错、训练的教学方式在概念的建立、运用、灵活运用中的意义""数学概念与思维的灵活性和创造性的关系"等等。带着这些思考，我亲自实践，备课、讲课、反复地琢磨，同时也听了大量一线教师的课，进行分析、比较，根据自己的所思所获，撰写了《小学数学课堂教学中实施教学过程最优化的思考与实践》一文，来谈我对马芯兰数学教育思想中"给核心概念以核心地位，通过核心概念，帮助学生形成认知结构"的基本理念的认识，并从联系的角度，运用学习迁移理论，以马芯兰数学教改实验教材第四册第二单元"万以内数的读法和写法"为例，阐述如何抓核心概念"数位、计数单位、进率"来沟通知识间的内在联系，将碎片化的知识连成线、结成网，帮助学生整体感悟学习内容。这篇文章是我成为一名教研员后对马芯兰数学教育思想的认识，也是我对数学教育的理解。

作为推广马芯兰数学教育思想的教研员，我的职责就是使马芯兰数学教育思想的精髓继续根植于朝阳区教育这片沃土之上。我带领实验校的老师们，从读马芯兰老师写的文章入手，去读懂马芯兰数学教育思想，领会其精髓，同时走进朝阳区实验小学、星河实验小学，听课、研讨，融入其中，感受其精髓。学生有根有据的表达、解题策略的多样化、联系生活经验的迁移举例，在使我们受到感动、震撼的同时，也使我们对马芯兰数学教育思想有了更加深刻的理解：学生思维的活跃才是数学课堂生命力所在！

随着对马芯兰数学教育思想的不断理解，我带领老师们把研究点聚焦到了"课堂教学中落实马芯兰数学教育思想的策略"上，其目的就是让老师们在课堂教学中有抓手。我们通过大量的听课，逐节地剖析、比较，总结出了落实马芯兰数学教育思想的6条策略：第一，设计体现基本概念的问题，在"退"中完成知识的迁移；第二，围绕基本概念进行联想，自主打通知识之间的关系；第三，运用多种语言解读基本概念，感悟知识的本质；第四，以基本概念为主线，多层次、多形式地进行技能训练；第五，围绕基本概念，进行说理训练，使思维有序；第六，采用支持性问题推进概念的理解，使思维深刻。同时，我带领实验教师围绕6条策略编辑了《学习·研究·实践——落实"马芯兰数学教育思想"课堂教学策略案例集》，为老师们在课堂教学中践行马芯兰数学教育思想，提供了强有力的实践支撑。

对马芯兰数学教育思想的再认识

面对课程改革的大背景，我们对马芯兰数学教育思想进行了再认识。马芯兰老师"以思维能力培养为中心，给核心概念以核心地位，构建良好的知识结构"的理念，引发了我们的再思考。我们从"结构化思维"和"理解的学习"两个互为关联的角度对马芯兰数学教育思想进行了解读（第一章有详细的解读）。

马芯兰老师不断地教诲我们：要想培养学生的"结构化思维"，使学生能以知识结构为载体进行"理解的学习"，就应加强课堂教学与课程的有机结合，体现教学中的课程；学生主体作用和主动参与要落实在学生的思维上，要把培养学生的思维品质放在重中之重！带着这些思考，我们从"整体把握"的视角，确立了"核心概念"主题式的系列教学，整体建构知识体系；在教学设计上采用主题鲜明的问题解决的模式展开，以此体现教学中的课程，培养学生的数学关键能力。而这些正是我们把握数学本质，落实数学核心素养的具体体现。

结合马芯兰数学教育思想，通过对小学阶段12册教材[①]的梳理，我们确定的"核心概念"主题式的系列教学有："和"的建立—训练—运用系列，"份"的建立—训练—运用系列，"数位、计数单位、进率"

① 注：本书所指教材为人民教育出版社出版的小学数学教材。

的建立—训练—运用系列，"度量单位"的建立—训练—运用系列等。

通过实践、思考，我们撰写了《对加减法计算单元整体建构的思考》《建构知识结构 源"份"不浅——份、倍、分数概念建立》《立足"单位"把握本质——面积单元教学设计》等文章，来体现我们对教学中的课程的理解。在研究、实践"核心概念"主题式的系列教学的过程中，我们进一步认识到：数学知识是有结构的，数学教学也是有结构的，把握住数学知识之间的整体结构，才能充分发挥核心概念在迁移中的核心作用，促进学生的理解，培养学生的数学关键能力，使真正意义上的"减负提质"成为可能。

在此基础上，我们还对问题解决的策略进行了研究，其目的是促进学生思维品质的培养、问题解决能力的提高。我们设计测试框架调研、访谈，根据调研结果分析出影响学生运用策略解决问题的因素；根据小学生的认知特点，梳理出了解决问题的主要常用策略：模拟、列表、画图；通过课堂实践，分析、梳理出了每个策略的实施步骤。

模拟策略的实施步骤：第一，模拟情境，实际演示；第二，模拟情境，学具操作；第三，模拟情境，自主表达。

列表策略的实施步骤：第一，展示结果，感受有序；第二，提取信息，列表表达；第三，分析过程，尝试列表；第四，分析问题，列表整理。

画图策略的实施步骤：第一，用实物图表达数学信息；第二，用简单的符号表达数学信息；第三，用简单的符号表达数量关系；第四，创设辨析的情境感悟画图的价值；第五，感受不同的画图方式都可以表达数量关系；第六，鼓励画个性化的图来表达数量关系。

"核心概念"主题式的系列教学研究，解决问题策略的研究，使我们看到了学生的成长。有的学生说：只要是计算的学习，我就会想到计数单位；倍和分数的区别其实就是看把谁作为标准，都跟份有关；

我知道解决问题遇到困难时，可以用我喜欢的图画策略来帮忙；这道题用画图好，这道题用模拟好……从孩子们朴实的话语中，我们看到的是学生增长的本领：认识结构的形成，遇到问题能选择方法解决，而这些本领正是学生学习力可持续发展的源泉，也是我在课程改革大背景下对马芯兰数学教育思想的再认识。

时间过得太快，我从教已经30年有余，一路走来，每一个阶段的成长都离不开马芯兰老师的指导，难忘她谈起数学教育时的满怀深情；难忘她给我解读教学中的热点、难点问题时的睿智、深刻；难忘她说起学生有了进步时眼睛里放出的光芒，亦长、亦师、亦友。"起始于辛劳，收结于平淡"是我非常喜欢的一句话，也是我在马芯兰老师身上看到的写照。很幸运，很幸福，我的从教生涯能与马芯兰数学教育思想结缘。

孙佳威

2019 年 9 月 23 日于北京寓所

第一章　思维与学习

在创新社会、信息时代，每一位学习者对知识的选择、接受与储存的方式都发生了巨大的变化。在这一过程中，学习者的学习能力、创新能力成为自身发展的关键。学习的方法与技巧是学习能力的具体体现，创新则是对学习能力的升华，而这一切都离不开思维。换句话说，任何学习，只有在思维的参与之下才能迈向深刻。

思维指的是人脑对客观现实的概括和间接反映，通常意义上的思维，涉及所有的认知或智力活动。尽管人们由于研究上的需要，从不同的角度给思维做了不同的分类，但就其定义来说，思维基本分为抽象思维和形象思维两种。近年来，有一种广为接受的理论，关于"裂脑人"的实验研究，提出左脑与右脑具有不同的优势功能，并提出左脑擅长语言和逻辑分析，右脑擅长直觉和形象思维，这一发现开启了思维的发展从单一片面的思维走向全面发展的思维。

学习是学生的一种认识活动。通过学习，学生对事物有了正确、深刻的认识，从而获得丰富的知识，用以指导行为、改进行为，使得思维显现其深刻性的内涵。

其实对于思维和学习的关系，我国古代的很多思想家、教育家都做过极为精辟的论述。例如，大教育家孔子说："学而不思则罔，思而不学则殆"，即一味学习而不去思考，就会感到迷茫而无所适从；一味思考而不去学习，就会疑惑不解。孔子用这 12 个字为我们阐明了思维和学习的辩证关系：要掌握必要的科学概念、原理、原则等科学知识，把握事物的本质和内部联系，就必须要展开积极的思维活动；要想让自己的思维有深度和广度，就要不断地学习，获取更多的认识。可见，学习、思维相辅相成，缺一不可。

"数学是思维的体操""数学教学是数学思维活动的教学"，因此，数学课程的重要价值之一就是能训练学生的数学思维，而抽象思维和形象思维是完全切合数学自身特点的。要发展学生的数学思维，就要发展这两种思维。

马芯兰老师非常重视两种思维的和谐发展，她创造的"马芯兰小学数学教学法"，其实质就是把思维能力的培养放在学科学习的中心，她也是把创新能力的培养落实到学科学习的先行者。马芯兰小学数学教学法的特色就是遵循儿童的认知规律，从两种思维的和谐发展出发，给核心概念以核心地位，构建良好的知识结构；在基本概念和技能的基础上，通过思维训练，培养学生的数学能力和创新能力。正如马芯兰老师所说：学生思维的活跃才是数学课堂的生命力所在。

第一节　结构化思维

思维是人的全面发展的共同基础，数学又是一门思维的科学，由此，数学一直把"努力促进学生的思维发展"看成数学教育最为重要的一个目标。如何促进学生的思维发展？我们认为，可以从数学的高度抽象、逻辑性强和不断创造的学科特点出发，通过对学生结构化思维的培养来促进学生思维的发展。

提出"结构化思维"，这要从美国心理学家布鲁纳提出的认知结构学习理论说起。其核心是"不论我们选教什么学科，务必使学生理解该学科的基本结构"，主张课程应该按照学科的基本结构选择和编排课程内容，通过教学让学生掌握"科学的结构"来实现他们的目的。美国教育家和心理学家奥苏贝尔则系统地阐述了认知结构并提出了有意义学习理论，阐述了理论与课堂学习的关系。他认为认知结构即书本知识内化在学习者头脑中所形成的内容和组织，其是有意义学习的结构和条件。基于对布鲁纳认知结构学习理论和奥苏贝尔有意义学习理论的学习，以及对马芯兰数学教育思想的进一步认知，我们提出了"结构化思维"。

何为"结构化思维"？我们认为："结构化思维"是以事物的结构为思维对象，以事物结构的积极建构为思维过程，从系统和整体的角度透彻地认识事物的联系，以寻求最佳效能的思维方式。从对"结构化思维"的认识，解读马芯兰数学教育思想，我们会发现马芯兰数学教育思想中的"给核心概念以核心地位，构建良好的知识结构"的基本理念对"结构化思维"给予了完美的诠释。

马芯兰老师站在整体把握小学数学课程的高度，对"数与代数"领域中的540多个概念之间的从属关系进行了深入的研究，将起决定作用的十几个最核心的概念提炼出来，以核心概念中的核心"和"为统帅有机地勾联起来，形成了一个完整的知识结构体系（图1-1），这个完整的知识体系形成的过程其实就是学生"结构化思维"培养的过程。

从下面的结构图中，我们可以清晰地看出："和"是小学数学知识体系的核心。在学生学习"数的认识"时就开始以渗透的手段逐步建立"和"的概念，通过渗透"和"的概念学习"10以内数的认识""加、减计算""理解加减关系""求和、求剩余的实际问题"等。当出现两个或两个以上加数的时候（5+4 → 5+5 → 5+5+5）开始认识"相同加数""相同加数的个数"，过渡到学习"乘法意义"，以此为概念的核心理解乘法口诀及其意义，学习有关乘除法问题及计算。从"和"的概念

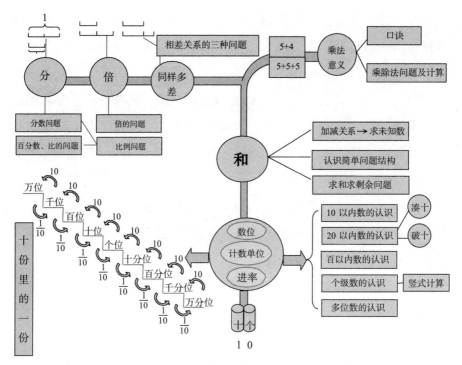

图 1-1　"数与代数"领域——数学知识结构图

中可以引出两个不等的数量相比较，进而引出"同样多""差"的概念，较大数是由和较小数同样多的数与比较小数多的数合并起来的，"较小数""差"相当于较大数里的一部分，同时理解有关"差"的问题的数量关系。若"差"出现了和较小数同样多的数，则引出"倍"这一核心概念。较大数里面有若干和较小数同样多的数，以较小数为1倍，较大数是较小数的若干倍，又以"倍"为核心理解"倍"的问题的数量关系。反之，以较大数为一倍数，较小数是较大数若干份中的几份，较小数是较大数的几分之几，这样以"份""分数意义"为核心学习"分数问题""计算""百分数""比的问题""比例问题"。这样就以"和"的概念为核心的核心，把小学数学的大部分知识连成有机的网络。

　　同样，在学习"10以内数的认识"时开始渗透"数位、计数单位、进率"的概念。例如，知道10中的"1"表示1个十，"0"表示个位上没有，以此为核心学习"20以内数的认识""百以内数的认识""多位数的认识"，同时以"数位、计数单位、进率"为核心学习有关的计算。通过对"十进关系"的理解，将数的范围自然推演到"小数"。

这样，以"和"的概念为核心的核心，以十几个最基本的概念为主线组成了小学数学知识结构图。从中我们可以看到这个结构图是"活"的，是有力量的，它将新旧知识进行合理衔接，不断地找到知识的生长点，并以知识组块的形式不断地纳入、完善，自始至终都是一个动态建构的思维过程。这一动态建构的思维过程其实就是学生结构化思维培养的过程，因为在这一动态建构的思维过程中，是学生不断地吸纳、沉淀、解决新问题的过程；更是学生不断地连缀散落的知识、进行归类，使学科知识结构转变为学生头脑中认知结构的过程。

"以思维培养为中心"的马芯兰数学教育思想，以她独具特色的"给核心概念以核心地位，构建良好的知识结构"基本理念，从培养学生的"结构化思维"入手，带领学生把握数学知识的结构之形，领悟数学结构之神，使学生的思维形象化、逻辑化，有力地促进了学生思维的发展。

第二节　理解的学习

随着国际数学教育改革持续向前推进，"为理解而教，为理解而学"的理念成了教育的普遍价值追求。提出"理解的学习"，是我们站在儿童的立场对教育实质的理解、呼唤，也是对马芯兰数学教育思想的进一步认识。

何为"理解"？不同学派都有自己的解释。从解释学角度来看，"理解"是学习者根据自身经验，对建构对象做出解释，在新旧知识之间建立实质性联系，从而获得真正的意义；从心理学角度来看，现代认知心理学认为,"理解"的实质是学习者以信息传输、编码为基础,根据认知结构及已有经验,主动建构内部心理表征获得心理意义的过程;从教育学内部来看,杜威认为"理解"的本质就是建立联系等。虽然不同学科、不同学派对内涵的界定不尽相同,但是却都指明"理解"必须是学习者不断对知识进行建构的过程,换句话说就是学习者能够将新知识融入已有的知识网中,才能说明知识已经被学习者理解了。

"能够将新知识融入已有的知识网中",其实质是思维再加工的过程。在人的大脑中,思维的产生不外乎两类:一类是现在的感知觉和记忆的综合;另一类是记忆中已有知识的重组,这里的"综合""重组"就是思维的再加工。所以,从思维产生的特点来看,更能说明我们对"理解"内涵的认识。

从"理解"的内涵出发解读马芯兰数学教育思想,我们会发现"理解的学习"很好地诠释了马芯兰数学教育思想。马芯兰老师从思维产生的特点出发,聚焦核心概念,对小学数学知识体系进行了"综合、重组",其目的就是帮助学生将学到的新知识不断地纳入已有的认知结构中,使思维处于不断地再加工过程,从而形成纲目清楚的知识结构,达到理解的学习。从这里我们也可以看出,"结构化思维"与"理解的学习"相辅相成。例如,对乘除法知识的学习,马芯兰老师说:"一定要抓住核心概念'份',它是这部分知识理解的源头,'份'的概念建立好了,以此去学习新知识、解决新问题,这样不仅可以不断地生出新的知识,而且知识间的联系也在这样的迁移中勾联了起来,很好地促进了学习的理解。"(图1-2)

从图中可以看出核心概念"份"是沟通乘法与加法、乘法与除法之间的桥梁。通过"同样多"引进"份"的概念,在学习乘法意义时,从"份"的概念出发,将一份和相同的几份与相同加数、有几个相同加数有机地联系在一起,最终落到"几个几"这一意义上;除法是在

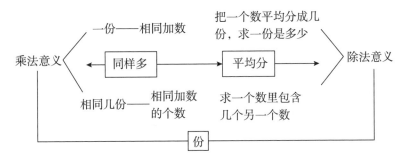

图 1-2　乘除法知识结构图

乘法意义的基础上派生出来的，当分的每一份都同样多时，就出现了平均分，在此基础上，抓住"份"的概念，理解"份总关系"。不仅如此，由于学生深刻地理解了"份"的概念，就为建立"倍"的概念、学习分数、比和比例等有关知识奠定了良好的基础。以"份"为核心建构起来的这一知识结构，其实都是在学生不断地吸纳新知识，不断地理解新旧知识间的联系中完成的。我们说：只有通过这样不断地理解的学习，良好的认知结构才能形成。

由此可见，"理解的学习"不仅意味着学生理解知识的内涵是什么，它是怎样得来的、怎样运用、与学过的知识之间有什么联系，而且还意味着学生大脑内部的数学知识结构网络的完善、推动记忆，使学生在解决新问题时，能够快速地提取与灵活应用。关于"理解的学习"，马芯兰老师在 40 年前就通过"给核心概念以核心地位，构建良好的知识结构"的基本理念做到了"卓越"。"卓越"在于她是针对教学论、课程论和学习论三方面进行相对独立而又相互关联和谐统一的研究，"卓越"更在于她对学生学习理解过程的深刻思考和方法提炼。

"结构化思维"和"理解的学习"是我们再读马芯兰数学教育思想获得的启示。马芯兰老师提出的"渗透、迁移、交错、训练"的纵横贯通的课堂教学方式，使得它们相辅相成，融合统一，最终将学生思维能力的培养落到实处。

第二章　数学本质

所谓数学本质，就是说"数学是什么"。自数学诞生以来，人们就对数学本质展开了追问，目前对数学本质的经典理解，当属恩格斯提出的："纯数学是以现实世界的空间形式和数量关系，也就是说，以非常现实的材料为对象的。"《义务教育数学课程标准（2011 年版）》（以下简称《课标》）明确指出："数学是研究数量关系和空间形式的科学。""数量关系"主要是代数学领域研究的内容，而"空间形式"则是几何学领域研究的内容，数学具有高度的抽象性和严密的逻辑性，只有抓住其中最基本的"数量关系"和"空间形式"，才能把握好数学及其教学。

事实上，从课程改革以来，关于课堂教学分析的视角在发生着变化。研究者从初期关注教师教学过程到现在更加关注数学知识的理解，其中，对课堂教学的分析都会关注教师对教材的定位和挖掘，这既能体现教师对教学内容的把握，也能体现教师对数学本质内容的定位和理解。另外，关注的焦点是学生的数学学习情况，也就是学生对原有知识、迷思概念的了解和处理，以及学生的数学思维发展、数学学习体验和收获，对数学思想、数学文化的深入理解。由此可见，体现数学本质的分析维度主要包括四个方面：数学知识的正确理解和有效呈现、小学数学核心概念的把握、数学思想方法的提炼、数学文化的渗透。

下面我们主要结合数学核心概念的把握和数学思想两个方面具体谈谈对数学本质的理解。

第一节　核心概念

数学概念反映了现实世界的空间形式和数量关系的本质属性，是数学知识的基本细胞。没有概念就无法构成数学的知识体系。在诸多数学概念中，有一类属于最基本的概念或原始概念，这些概念在反映事物的内在联系方面，较之其他概念，更具有本质性、概括性和指示性。因此，我们也称之为数学中的"核心概念"。核心概念，在学科概念中居于核心地位，起主导作用。

认知心理学在学习活动中提出了"顺应"和"同化"的理论，其依据就在于最基本的概念也就是核心概念，与其他知识之间有着密不可分的关系。因此，我们可以说核心概念是串联所有散落珍珠的那根"线"。在数学教学中，教师应分析数学概念间存在的逻辑联系和迁移条件，加强最基本概念（核心概念）的教学，并处理好与其他相关知识的关系。

"给予起决定作用的核心概念以核心地位，构建良好的知识结构"是马芯兰数学教育思想的突出体现，也是马芯兰老师培养学生结构化思维的根基。她说：仅仅数与代数领域就有 540 多个概念，它分布在小学的 12 册数学教材之中。若任何概念都给予加强，必然使小学数学知识内容过于"丰厚"，这样必然造成师生每年都处于紧张地完成任务中。所以，我们在研究数学知识时，要抓住起决定作用的核心概念，它是学习的源头活水，要在核心概念建立好的基础上去迁移，构建与之有联系的知识，这样的知识才是活的，有力量的。

例如，小学数学数与运算知识的核心概念是"数位""计数单位""进率"，所以在数与运算知识的教学中，马芯兰老师说怎么重视这些概念都不为过。下面，我们就以运算为例阐述核心概念的核心地位。

一、核心概念"数位""计数单位""进率"在加减法运算中的体现

（一）整数加减法运算

例如，"9+3"，如果从数数的角度计算结果，其实就是数计数单位个数的过程，从 9 开始，以"1"为单位，连续累加 3 次，就得到 12 这个结果，这个运算的过程就是计数单位个数累加的过程。同样，运算"9+3"，从 9 开始，以"1"为单位，先累加 1 次到"10"，也就是先凑成"10"，再累加 2 次得到 12。这一过程孕伏"满十进一"，由此，产生新的计数单位"十"。照此，可以 1 个 1 个地数，也可以 10 个 10 个地数，还可以 100 个 100 个地数……在计数单位个数不断累加的过程中，就会产生"一""十""百"……更大的新的计数单位。就这样，在计数单位个数不断地累加的运算中，方便和满足了数量级扩展后大数加减法的计算。

减法与加法是互为逆运算的关系，所以减法的实质是计数单位个数递减的运作过程。例如，"36-8"，如图 2-1 所示，个位的 6 减 8 不够减，就要从 3 个十中借走 1 个十，拆开变成 10 个一，以"一"为单位，从中递减 8 次，剩余 2 个一，再把这 2 个一和原来的 6 个一累加起来是 8 个一；3 个十因为借走 1 个十，所以还剩下 2 个十；最后 36 减 8 等于 28。

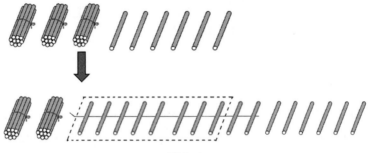

图 2-1

整数加减法运算以核心概念"数位""计数单位""进率"为核心，通过计数单位个数累加和递减的运作过程帮助学生理解数的内部结构，进而理解运算的意义。

（二）小数加减法运算

小数的计数系统是从整数的十进制系统延伸而来的，由此，小数运算的核心与整数相同，也是计数单位个数累加和递减的运作过程，如图 2-2 和图 2-3 所示。

$$1.23+3.45=4.68$$

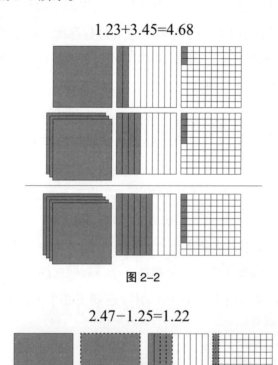

图 2-2

$$2.47-1.25=1.22$$

图 2-3

（三）分数加减法运算

分数加减法的意义同整数、小数加减法的意义是一样的，这也就决定了分数加减法的运算实质同样是计数单位个数累加和递减的运作过程。例如，异分母分数加减法，$\frac{3}{10}+\frac{1}{4}$，如图 2-4 所示，由于它们的计数单位（分数单位）取决于它们各自的分母，因此在进行加减法运算时首先需要找到一个对二者来说都能获取计数值的新的计数单位（分数单位），通过通分找到这个新的计数单位（分数单位）就可以累加或递减，就得到了两个异分母分数的和或差。

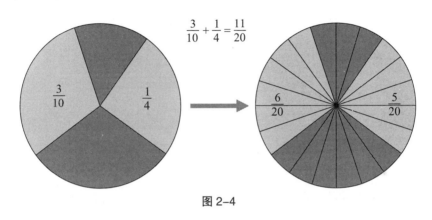

$$\frac{3}{10}+\frac{1}{4}=\frac{11}{20}$$

图 2-4

由此，整数、小数、分数加减法运算，就以核心概念"数位""计数单位""进率"为核心紧紧地勾联在一起了。

二、核心概念"数位""计数单位""进率"在乘除法运算中的体现

（一）整数乘除法

例如，12×3，如图 2-5 所示，图中表示的是 3 个 12 是多少，其中"12"是标准，标准是由 1 个十和 2 个一组成的，"3"是 3 个这样的标准，以"十"为计数单位累加 3 次，以"一"为计数单位 2 个 2 个累加 3 次，最后把它们再累加得到结果 36。除法也一样，如图 2-6 所示，$42 \div 2$，图中表示的是把 42 平均分成 2 份，求一份是多少。先以"十"为计数单位递减，把 4 个"十"平均分成 2 份，每份得到 2 个"十"，再以"一"为计数单位递减，把 2 个"一"平均分成 2 份，每份得到 1

个"一"，最后把2个"十"和1个"一"累加得到结果21。

$$12 \times 3 = 36 \qquad\qquad 42 \div 2 = 21$$

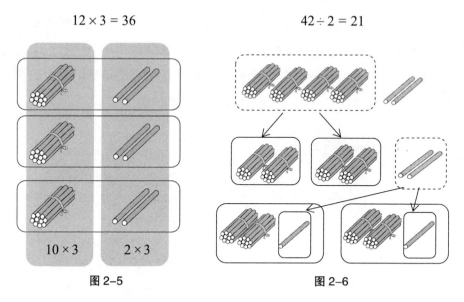

图 2-5   图 2-6

整数乘除法说到底，还是以核心概念"数位""计数单位""进率"为核心，是计数单位累加和递减的运作过程。

（二）小数乘除法

小数乘法运算包括小数乘整数和小数乘小数。例如，"0.2×3"，如图 2-7 所示，图中表示的是 3 个 0.2 是多少，其中"0.2"是标准（图 2-7 中的 2 个小条），标准是由 2 个 0.1 组成的，"3"是有 3 个这样的标准，以"0.1"为计数单位，2 个 2 个累加 3 次，得到结果 0.6。再如，"0.2×0.3"，如图 2-8 所示，显然用 0.1 作计数单位去计算已经行不通，这时就需要寻找一个新的计数单位，而这个单位是相对隐性的。我们把"1"平均分成 10 份，取其中 2 份，是 0.2，0.2×0.3 表示 0.2 的 $\frac{3}{10}$ 是多少，即把 0.2 再平均分成 10 份，取其中的 3 份，这时新的计数单位"0.01"就产生了。以"0.01"为计数单位累加 6 次得到结果 0.06，用算式表征为 0.2×0.3=（0.1×0.1）×（2×3）=0.06。由此可见，小数乘法的运算核心，说到底还是小数计数单位个数累加的运作过程。

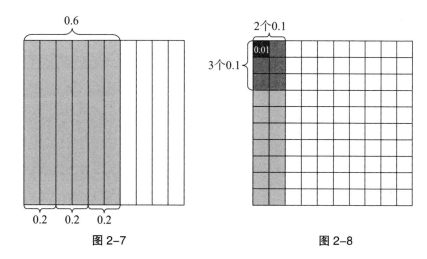

图 2-7　　　　　　　　　　图 2-8

　　我们再看小数除法运算，如 10.5÷3，如图 2-9 所示，先把 10 个一平均分成 3 份，每份分到 3 个一（9÷3=3），剩下 1 个一和 5 个 0.1 没法直接平均分成 3 份，所以把一转化成 0.1 之后再分。1 里面有 10 个 0.1，10 个 0.1 加 5 个 0.1 等于 15 个 0.1，用 15 个 0.1 除以 3 等于 5 个 0.1，最后把分别得到的 3 和 0.5 累加得到运算结果 3.5。

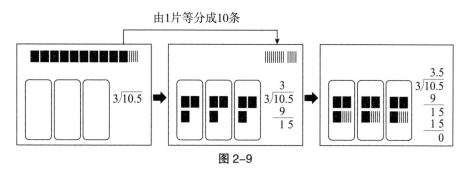

图 2-9

　　小数除法，就其本质与小数乘法一样，只不过是计数单位个数递减的运作过程。当高一级的计数单位不够分时，需转化为低一级的计数单位继续分，最终获得运算结果。

（三）分数乘除法

　　分数乘法包括分数乘整数和分数乘分数，其运算意义与小数乘法的运算意义相同，这也说明了其运算实质是相同的：计数单位（分数单位）个数累加的运作过程。例如，$\frac{1}{2}\times\frac{1}{5}$，如图 2–10 所示，图中表示$\frac{1}{2}$的$\frac{1}{5}$是多少，需要把$\frac{1}{2}$平均分成 5 份，取其中的 1 份，就是$\frac{1}{2}$的$\frac{1}{5}$，显然需要新的计数单位（分数单位），找到了新的计算单位（分数单位）进行累加就可以得到最终的结果。

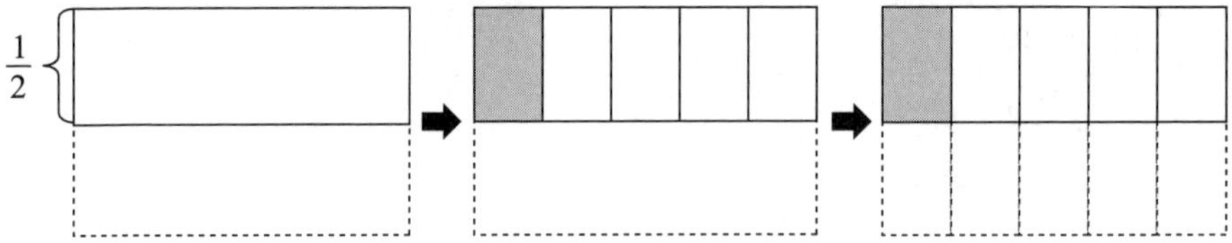

图 2–10

分数除法包括分数除以整数、整数除以分数和分数除以分数。相对于其他运算，分数除法相对难理解。例如，分数除以整数，$\frac{4}{5}\div 3$，如图 2–11 所示，4 个$\frac{1}{5}$平均分成 3 份，分数单位的个数不能正好平均分，这时候就需要产生新的计数单位，也就是要把大的计数单位$\frac{1}{5}$细分成小的计数单位$\frac{1}{15}$，分数单位的个数由 4 变成了 12，正好能够平均分。再如，整数除以分数，$2\div\frac{2}{3}$，如图 2–12 所示，$2\div\frac{2}{3}$表示的是“2 里面有几个$\frac{2}{3}$”，“2”是以“一”为计数单位的，$\frac{2}{3}$的计数单位（分数单位）是$\frac{1}{3}$，两者的计数单位不同，这时候就要把大的计数单位细分成小的计数单位，“2”就细分成了$\frac{6}{3}$，这时再做$\frac{6}{3}\div\frac{2}{3}$时，计数单位（分数单位）的个数相除就可以了，结果是 3。由此，分数除法的运算核心也是计数单位（分数单位）个数递减的运作过程。当高一级的计数单位不够分时，需转化为低一级的计数单位继续分，最终获得运算结果。

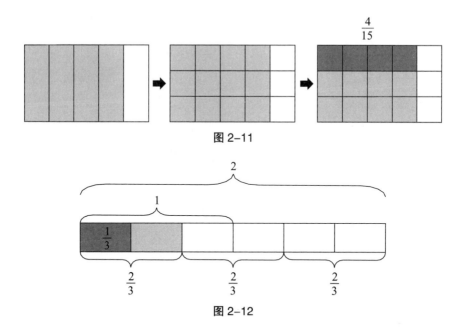

图 2-11

图 2-12

从上面的分析中，我们可以清晰地看出核心概念"数位""计数单位""进率"在运算学习中所起的"牵一发而动全身"的作用。它将零散的知识不断地吸纳进来，并连缀在一起，形成一个良好的知识结构，促进了学生推理、迁移能力的发展。

最基本的概念是学生认识事物本质的源头，是逻辑推理、有根有据思考的依据，是理解数量含义及数量关系的支柱。可见，把握核心概念，培养结构化思维，为学生探寻数学本质提供了更多的可能。

第二节　数学思想

所谓数学思想，就是在考查数量关系和空间形式等数学内容时所提炼出来的对数学知识的本质认识，是建立数学理论、发展数学和应用数学解决问题的指导思想。数学思想一方面是指数学产生和发展必须依赖的那些思想，另一方面也是学习过数学的人表现出来的最为显著的数学特征。《课标》指出："数学思想蕴含在数学知识形成、发展和应用的过程中，是数学知识和方法在更高层次上的抽象与概括，如抽象、分类、归纳、演绎、模型等。学生在积极参与教学活动的过程中，通过独立思考、合作交流，逐步感悟数学思想。"

《课标》明确指出，数学基本思想分别是抽象、推理和模型。所谓抽象是指从客观世界中，提取某些有关的现实生活引入数学的内部。所谓推理是指能够理解数学研究对象之间的逻辑关系，并能够运用抽象化的术语和符号清晰地表达这种关系，从而形成一定的数学命题、定理、运算法则。所谓模型是采用数学语言表征其研究对象的主要特征、关系等的一种数学结构，其用数学的概念和原理描述现实世界所依赖的思想。

基于这三个基本思想，派生出了下一层数学思想。例如，由抽象思想派生出的有：分类思想、集合思想、数形结合思想等；推理思想派生出的有：化归思想、演绎思想、特殊与一般思想等；由模型思想派生出的有：函数思想、方程思想等。

数学思想和数学知识是相互依存，相互促进的。数学思想不会独立存在，它是从数学内容中提炼出来的数学学科的精髓，是将数学知识转化为数学能力的桥梁，随着数学知识的不断累积，数学思想也会不断加深，逐步形成一种自觉的意识；反过来，学生掌握一定的数学思想有利于自身形成良好的认知结构，使数学知识更具有逻辑性和系统性；有利于提高自身的数学思维水平，促进思维能力的发展，更好地理解数学知识的精髓，把握数学知识的本质和内涵。

关于数学思想与数学知识间关系和结构的研究，国内外很多专家都给予了具体说明。美国心理学家布鲁纳认为，"不论我们选教什么学科，务必使学生理解该学科的基本结构。"所谓基本结构就是指基本的、统一的观点，或者是一般的、基本的原理。学习结构就是学习事物是怎样相互关联的，数学思想与方法为数学学科一般原理的重要组成部分。可见，不仅数学知识是有结构的，围绕数学知识所应渗透的思想也是有结构的。

因此，新课程改革下的数学课堂教学在注重数学知识结构教学的同时，更应该关注数学思想的"结构化"渗透，逐步深入培养学生的抽象、推理、模型的思维方式和思维习惯。因此，引领学生习得知识的同时，努力习得数学思想，是每一名数学教师在每一节数学课上的必经途径。小学阶段重要的数学思想是怎样体现在教材中的，我们一起来看看。

一、例题中渗透的数学思想

小学数学教材中文字相对较少，大多是用丰富多彩、生动形象的图片或者表格、对话形式来表达内容，在精简的文字中向教师及学生渗透数学思想方法。

比如，在低年级为了培养学生的数感和抽象思维，一年级上册教材中编排了"比较数的大小"的内容，通过图画、文字和符号相结合的方式，渗透了——对应的思想（图2-13）。

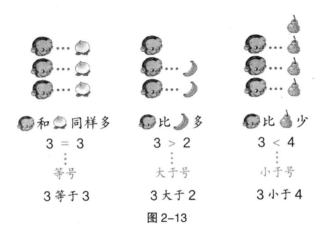

图2-13

再如，五年级下册在异分母分数的加、减法中，"分数单位不同，不能相加，可以用通分把它们转化成分母相同的分数"。在这一段学生的对话中渗透了转化思想（图 2-14）。

（1）纸张和废金属等是垃圾回收的主要对象，它们在生活垃圾中共占几分之几？

分母不同的分数，要先通分才能相加。

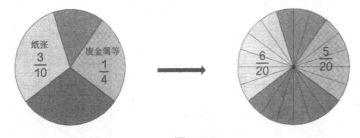

图 2-14

以上只是两个最普通不过的例子，除此之外还有很多提示语"想一想，还能提出什么问题？""通过这些，你有什么体会？""还可以用什么方法解决？"这些提示语无不是促进学生深入思考问题，激活大脑中已有的数学知识结构，渗透数学思想方法的一种隐性的表达方式。

二、习题中渗透的数学思想

教材中包含了大量的习题，许多数学思想的传递都是以这些习题来驱动的。学习数学就是为了解决生活中的问题，在发现及解决问题的过程中提升自己的思维能力并驱动认知建构新的数学知识。教材中通过这些习题来完善学生的认知结构，让学生接受、掌握、运用这些数学思想。

例如，一年级上册"20以内的进位加法"的整理与复习（图2-15）。

1. 在卡片上写出20以内所有的进位加法算式并进行整理，说一说自己是怎样整理的。

（1）说一说晶晶是怎样整理的，再把余下的算式填出来。

图2-15

"竖着看，每个算式……""横着看，各行是……""认真思考，我发现……"这些带有引导性的思考，和今后学习的一次函数有必然联系，渗透了函数的思想。

再如，六年级下册"正反比例"单元习题（图2-16）。

·022·

3. 下面是某种汽车所行路程和耗油量的对应数值表。

所行路程/km	15	30	45	75
耗油量/L	2	4	6	10

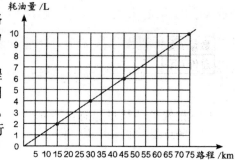

（1）汽车的耗油量与所行路程成正比例关系吗？为什么？

（2）右图是表示汽车所行路程与相应耗油量关系的图象，说一说它有什么特点。

（3）利用图象估计一下，汽车行驶55 km的耗油量是多少？

图 2-16

　　题目蕴含了函数思想、数形结合思想、对应思想、模型思想等。通过分析表格中数量之间的关系，让学生感受到所行路程与耗油量的关系，体会这种变化的规律的过程，渗透函数思想；感受到数与位置的对应关系，渗透了对应思想；在数值到点、点到线、线到图形、又从图形回到数值的活动参与过程中，渗透了数形结合思想。学生先分析问题，再建立模型，最后利用所建立的模型来解决问题，学生可以用逆向思维由图形观察数值进行判定，这又是模型思想的应用。

　　再如，教材除了在一般性知识和内容的学习中渗透数学思想外，还设立了单元"数学广角"专门渗透数学思想。

　　三年级下册，"数学广角"中"衣服的搭配"，渗透了一一对应和符号化思想（图 2-17）；六年级下册，"数学广角"中"鸽巢问题"，渗透了抽屉原理、模型思想（图 2-18）。

图 2-17

图 2-18

三、在拓展中渗透数学思想

教材在编排时，不但在例题和练习题中渗透了数学思想，在拓展内容中，也渗透了数学思想。教材从一年级开始，就安排了"你知道吗？""生活中数学""数学游戏""数学思考"等拓展性的内容。这些内容的编排，也非常注重渗透数学思想，因此这部分内容也需要引起教师的重视。实际学习中，教师不能把目光仅仅停留在"你知道吗？""数学游戏"标题本身的层面上，更要关注其中所蕴含的数学思想、方法。教师对这些思想、方法的关注与感受，将会对学生的后续学习产生深远的影响。

例如，二年级上册，学习完乘法口诀后，安排了数学游戏（图2-19）。

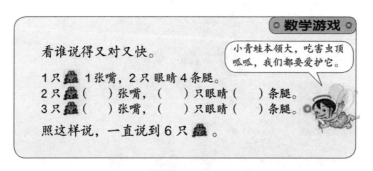

图 2-19

从表面上看，这仅仅是学习了乘法口诀后，辅助学生记忆口诀的小游戏。其实在进行游戏时，用"嘴~×1、眼~×2、腿~×4"解决问题的过程，也是在引导学生初步感知函数思想和模型思想。

再如，三年级上册"总复习"的编排中，有这样一道思考题（图2-20）。

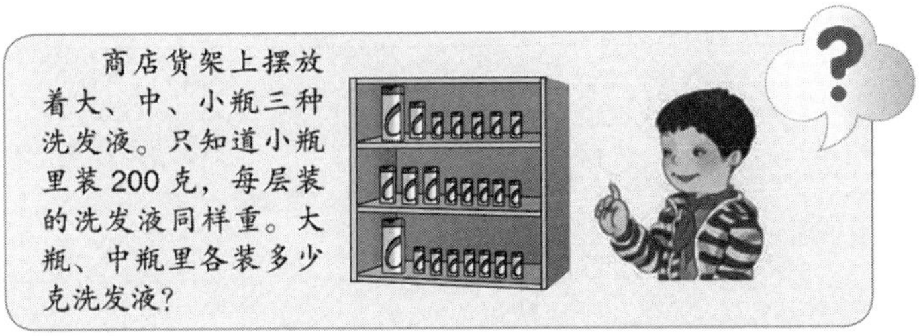

图 2-20

通过观察、比较,学生在解决问题的过程中,必然会进行等量代换,教师有效地指导,将会让学生感受到等量代换思想的魅力。

知识中蕴含的数学思想,不仅需要教师读出来,更需要教师引领学生慢慢"感悟"、默默"运用",这也正是马芯兰数学教育思想中"渗透、迁移"的魅力所在。它不仅体现在数学知识的探索中,也体现在数学思想的感悟中。

通过前面的分析,我们不难看出:数学思想是依托于具体的数学内容体现出来的,数学知识与数学思想是相辅相成、相互依存的关系。下面是我们梳理出的有关教学内容所对应体现的数学思想,如表 2-1 所示。

表 2-1

领域	册次	具体内容	思想方法
数与代数	一年级上册	数一数	分类、集合、符号化、对应
		20 以内数的认识	分类、集合、符号化、对应
		分类	符号化、分类
	一年级下册	20 以内加减法	分类、转化
		100 以内数的认识	符号化、转化
		100 以内加减法	集合、分类、符号化
	二年级上册	表内乘法	函数、转化、数形结合

领域	册次	具体内容	思想方法
数与代数	二年级下册	除法	模型、函数
		万以内数的认识	转化、对应、模型
		克和千克认识	转化
	三年级上册	多位数乘一位数	数形结合
		分数初步认识	数形结合
	三年级下册	除数是一位数除法	数形结合、转化、函数
		两位数乘两位数	转化
		小数初步认识	数形结合
	四年级上册	三位数乘两位数	转化、对应
	四年级下册	运算定律	模型、符号化
		小数的意义和性质	转化
		小数的加减法	转化
	五年级上册	小数乘法	函数
		小数除法	化归、函数
		简易方程	函数、模型、符号化
	五年级下册	因数与倍数	集合、分类
		分数意义和性质	模型、转化
		分数加减法	类比、转化
	六年级上册	分数乘法	数形结合
		分数除法	数形结合、转化
		百分数	模型、数形结合
	六年级下册	负数	数形结合、模型
		比例	模型、数形结合

续表

领域	册次	具体内容	思想方法
图形与几何	一年级上册	认识物体和图形	分类、符号化
	一年级下册	位置	对应
	二年级上册	角的初步认识	符号化、分类
	二年级下册	图形与变换	转化
	三年级上册	四边形	符号化
	三年级下册	面积	转化、模型
	四年级上册	角的度量	分类转化
		平行四边形和梯形	分类、集合
	四年级下册	位置与方向	对应
		三角形分类	分类
	五年级下册	图形变换	对应
		长方体和正方体	模型、符号化
	六年级上册	圆	转化、模型、极限
	六年级下册	圆柱与圆锥	转化、数形结合
统计与概率	各年级	分类、统计图、统计表等	分类、统计、对应、数形结合
综合与实践	一年级下册	认识时间	数形结合
	三年级下册	等量代换	集合思想
	四年级上册	田忌赛马	优化、对策论
	五年级下册	植树问题	模型
	六年级上册	鸡兔同笼	转化、模型

通过梳理，我们不难发现，数学知识与数学思想之间是互相依存的关系。作为在数学学习过程中起着支撑作用的数学核心概念，其不但

在知识内容上具有重要性，而且在数学思想方法上也具有重要性。从一年级到六年级，数学知识、核心概念与数学思想同步循序渐进、反复出现，呈现了一定的系统化、结构化。需要注意的是，数学思想方法在小学数学教材中的呈现是显性和隐性并存的，这需要教师认真分析教学内容，挖掘其蕴含的数学思想，方能凸显数学本质。

"施教之功，贵在引导，妙在开窍。"在引领学生进行学习的过程中，要给核心概念以核心地位，探究知识间的内在联系，领悟其思想方法。唯有此，我们的数学课堂才能富有内涵和外延，学生的后续发展才有可能的空间，才能让师生都收到事半功倍的效果。

第三节　数学思维与创新意识

在《数学思维与小学数学》一书中，郑毓信教授提到："在教学过程中，要关注数学思维的总体特征，努力做到在小学数学知识内容的教学中很好地予以体现，就能较好地实现'帮助学生初步地学会数学的思维'。"因此，数学活动中，要处理好数学思维与数学知识教学之间的关系，从而实现"通过数学帮助学生学会数学思维"这一影响人发展的高级目标。

数学思维通常是指在数学活动中的思维，是人脑和数学对象（空间形式、数量关系、结构关系）交互作用并按照一定的思维规律认识数学内容的内在理性活动。数学思维能力的高低具体反映在数学思维品质上，包括五大方面，即思维的广阔性、灵活性、深刻性、创造性、批判性。这五大方面是一个统一的整体，各个部分相辅相成。因此，培养学生的数学思维品质是提升数学思维能力的基本途径。

对于创造性思维品质的培养，马芯兰老师非常重视，在她撰写的《小学生数学能力的培养与实践》一书中专门做过论述。本节，我们在继承的基础上，结合近些年来的教学现象及教学实践，阐述我们在培养学生创造性思维品质——创新思维过程中的一些做法。

一、创新思维在课堂教学中的现状分析

"创新"是国家和社会发展的灵魂。近年来，"创新"一词高频率地出现在各行各业和各类媒体中，足以见其重要性。如何让创新走入课堂，如何让创新思维根植学生头脑，如何培养具有创新思维的学生，成为每一位教育者的"必达之路"。

在这样一个大的背景下，关于创新思维的培养，我们的数学课堂现状是什么样的？教师又遇到了哪些瓶颈？在对本区域内的数学课堂中的教师表现和学生表现进行观察和研究后，我们发现了以下两个问题。

（一）对"创新"缺乏深刻的认识，固有的观念导致行动上的缺失

表现 1：把控学习的主控权

课堂教学中，看似把学习的主动权交给了学生，但是缺少对学生自主思考、个性交流的尊重，教师依然是教学的实际掌控者，禁锢了学生创新思维的发展。

表现 2：有抵触情绪

教学中，很多教师虽然认可创新对于学生发展的重要性，但是在实际教学中，还是常常被固有的观念影响，甚至出现抵触情绪。我们可以从以下对话中窥见一二。

教师甲：光创新了，学习进度怎么办！一节课都给了他们，出不来东西，谁管？有人听课装装样子还行，没人听课，还得掰开了、揉碎了讲。

教师乙：传统的知识还得教给孩子，一些操作的、找规律的，解

决问题的让孩子创新。

教师丙：创新对聪明孩子来说，有空间，对有些孩子来说，教给他都费劲，更别说让他们创新了。

（二）学生善于盲从，缺少自我肯定

固有的教学观念导致教师评价方式、反馈方式单一，这些对学生的思维产生了较大的影响，以致学生在解决问题中，盲从而不自信。表现为：质疑自己的与众不同，盲从于大多数（教师认为的好用、最优）的解题方式。于是"对不对呀？对！好不好呀？好！"的声音在课堂中时时出现。"盲从于大多数"的思考问题的方式严重制约了小学生创新思维能力的发展。

由此可见，培养学生的创新思维的困难，不仅在于学生培养的困难，更在于教师观念转变的困难。怎样培养学生的创新性思维，需要进行细致的研究与分析，并找到恰当的方法和路径。

二、培养创新思维的路径

（一）构建知识结构，直觉思维引领创新

直觉思维，指遇到问题时，不经过逻辑推断，在大脑中瞬间产生的判断及猜测，或者对某个问题一直不能解决，但在某一时刻茅塞顿开，"直言"未来。

遇到一个问题，首先发生的是直觉思维，然后以直觉思维为引导，进行逻辑思维的推理和判断，进而创造性地解决问题。因此，要想发展学生的创新思维，直觉思维的培养是必不可少的。但要说明的是，直觉思维是在牢固的知识基础上逐渐形成的，是对已有知识、经验、方法的综合调用，是"基础"上的思维闪现。因此，打好知识基础是非常必要的，而反映马芯兰数学教育思想特色的"结构化思维"可以使"基础"打得很牢固。良好的知识结构，可以使知识点更加清晰、明了，

便于记忆。有了清晰、明了的知识结构，学生才能灵活、有效地进行调用，进而创造性地解决问题。

例如，我们让三年级学生解决这样一道题：农场有 24 只母鸡，公鸡的只数是母鸡的 $\frac{1}{6}$，农场有多少只公鸡？这道题一般是在六年级学习完分数乘法的意义后才让学生去解决的，而我们却拿来放在三年级让学生去解决，源于我们的一种直觉，这种直觉是对核心概念"份"在教学中的重视。通过对三年级学生的调研，我们发现我们的直觉与学生的直觉不谋而合（图 2-21）。

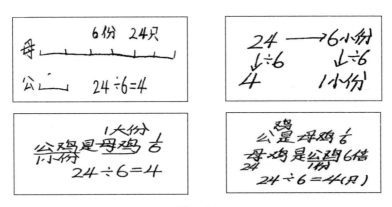

图 2-21

从学生的表达中，我们可以看出，学生源于对"份"概念的深刻理解及知识建构，尝试着在份—倍—分数之间自由转换，灵活且创造性地解决了问题。其实，教材对"份"概念的呈现并没有像其他概念，如加法、乘法、除法等概念那样，用例题的形式或其他显性的方式呈现出来，用以强调它的重要性。但是马芯兰老师却把"份"拿出来给予它核心的地位（图 2-22），源于乘法、除法、倍、分数、比等知识都是以"份"的概念为核心生长起来的。所以，马芯兰老师经常说："教

图 2-22

学中，怎么重视'份'这个概念都不为过。"以"份"的概念为核心建构良好的知识结构，可以说是马芯兰老师的独到之处。结构化思维的培养，使得学生在面对一个新问题时，能够快速、灵活地调用与之相关联的知识，从而创造性地解决问题。

（二）鼓励质疑问难，批判思维引领创新

"学起于思，思源于疑"，质疑是培养学生创新思维的动力源泉。学生在进行数学学习的过程中，拥有了质疑的精神，才能激发其探索、研究、创造、超越的欲望，进而在探究过程中发现问题、创造性地解决问题。因此我们说，质疑也是思维的开端，是培养学生创新思维的第一步。因此，在教学活动中，教师要善于抓住学生的好奇心，鼓励学生大胆质疑问难。

例如，在学习"长方形面积的计算"时，很多学生已经知道了长方形面积计算的方法，教师就可以借助学生知道计算方法这件事，鼓励学生质疑问难，激发他们在"创造"中答疑解惑。

师：谁知道长方形的面积计算方法？

生：长 × 宽。

师：（徒手画出长方形，如图 2-23 所示）你的意思是说，求它的面积就用：$7 \times 4 = 28$（平方分米），有人质疑吗？

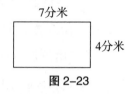

图 2-23

生 1：凭什么用 7×4，这个边长乘另一个边长，就是面积了？面积是一片，不是线。

生 2：7 和 4 都是分米，怎么答案写的是平方分米，原来分米加分米还是分米，分米减分米也是分米，这个怎么连单位都变了？

学生的质疑问难，直指本节课研究的核心，正因为有了质疑，学生的创新才有了源泉。在后续的研究中，可以看出学生答疑解惑，寻求方法的思考路径。

生1：我们发现，一行可以摆7个小正方形，正好是长的数；可以摆4行，正好是宽的数。我们发现7乘4其实表示有28个1平方分米的正方形，所以说就是长方形的面积（图2-24）。

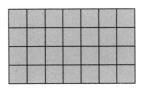

图2-24

生2：这样确实可以说明白，但是摆那么多，麻烦，要是长100、宽99，也这么摆会更麻烦，得想个更简单的，像这样。这样摆，也能说明是7乘4表示一行摆7个，摆4行，一

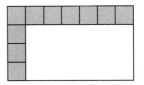

图2-25

共有7×4=28个1平方分米，所以面积就是28平方分米（图2-25）。

"小疑则小进，大疑则大进，疑则觉悟之梯也，一番觉悟，一番长进。"创设学生质疑问难的学习过程，不仅培养了学生的探究能力，更主要的是学生在不断地发现问题、提出问题、解决问题的过程中，努力尝试运用旧知识解决问题。与此同时，学生有了质疑的意识，就会用理性的眼光和思维看待自己和别人的不同，长此以往，学生"盲从"的现象就会减少，创新也就有了更大的空间和可能。

因为有了质疑，所以"唤醒"了内心需求；因为有了质疑，所以"激发"了探究欲望；因为有了质疑，所以"撬动"了创新思考……可见，学生的创新思维培养会因"源于疑"逐步得到训练和提升。

（三）拓展想象空间，丰富联想引领创新

联想是由一种事物想到另一种事物，由另一种事物想到又一种事物的心理过程。丰富的联想能使思维更加活跃，从多方面、多角度去思考问题，它是探索、发现和创新的前提。

　　"联想训练课"是马芯兰老师培养学生创新思维的独特方法，用以开阔学生的想象空间，沟通知识间的内在联系，培养逻辑思维能力。例如，六年级在学习分数问题时，马老师指导我们上了一节"份的联想训练"课，整节课看似"波澜不惊"，但是却处处体现了学生"创新思考"下的灵活性、变通性、新颖性。

　　师：看到"男生是女生的$\frac{5}{7}$"这条信息，你能知道什么？

　　生1：我知道是男生人数和女生人数进行比较。我们把女生看成一大份，平均分成7小份，男生有这样的5小份，所以男生是女生的$\frac{5}{7}$。

　　生2：我能想到男生与女生的人数比是5∶7。

　　生3：我能想到男、女生的份数和是12，份数差是2。

　　师：以女生为单位"1"，你还能想到什么？

　　生4：我能想到男生和女生的和是女生的$\frac{12}{7}$，差是女生的$\frac{2}{7}$。

　　至此，循着对"份"数关系的理解，学生通过联想已经把女生作为单位"1"时所蕴含的关系表达得非常清楚了（图2-26）。此时，教师并没有满足，继续引领学生进行联想。

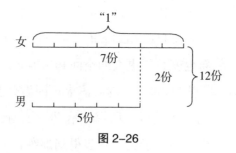

图 2-26

　　师：还可以以谁为单位"1"，又能想到哪些分数呢？把你想到的填在表2-2中。

表 2-2

	女	男	和	差
女（7份）	"1"			
男（5份）	$\dfrac{5}{7}$			
和（12份）	$\dfrac{12}{7}$			
差（2份）	$\dfrac{2}{7}$			

之后，教师展示了学生的思维（图 2-27）。

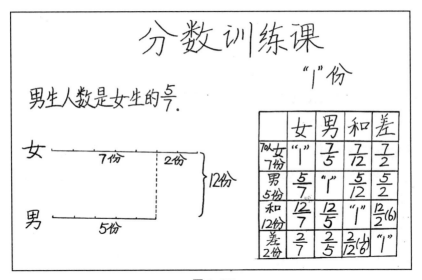

图 2-27

到这里，教师还没有结束，继续撬动学生的思维，问：如果我们知道了女生 70 人和 $\dfrac{7}{5}$，你能求出此时的单位"1"，也就是男生的人数吗？自己试一试。

教师展示学生的思路（图 2-28）。

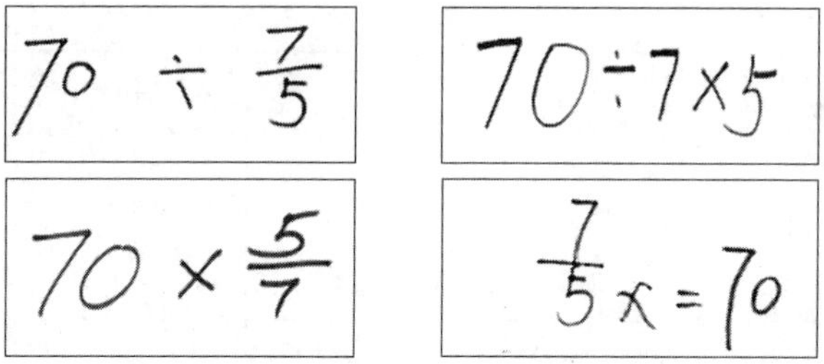

图 2-28

学生之所以能够从不同角度思考，解决问题，正是源于前面充分联想的积淀。可见，联想有助于学生发现信息和信息之间、信息和问题之间的各种显性、隐性的关系，从而促使学生思维多向延伸，深化对知识内在联系认识的同时，拓展他们的视野和思路，从而为他们创造性地解决问题提供更多的可能。可以说，联想训练，在培养学生思维的广阔性、深刻性的同时，也培养了他们思维的创新性。

（四）注重类比迁移，变通思维引领创新

变通思维，即通过对两个或两类事物进行比较从而产生新观念的一种思维方式。在教学中引领学生运用变通思维，对问题进行"左思右想"，利用外部信息进行类比、迁移、推理，可以很好地培养学生的创新思维。

例如，在教学"圆的面积"时，教师就可以充分发挥学生的类比迁移能力，引领他们在变通思维中，创造性地解决问题。

师：想一想，我们是怎样探索平面图形面积的？

生：通过转化为学过的图形，找到了计算方法。

师：通过图形转化的方式我们探索出了三角形、平行四边形、梯形面积的计算方法，你觉得圆的面积我们可以怎样研究？

生：也转化为学过的图形。

通过方法的类比迁移，学生开始了他们对圆的"破坏"和"整合"行动。因为有了前期的经验和方法，学生们在教师的引领下找到了多

种转化为已有图形的方法，从而打破了教材内容的禁锢，呈现了很多
创新性的思考（图 2-29）。

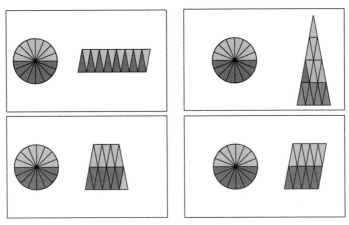

图 2-29

······

不管用哪种方法，学生都尝试通过把圆转化为学过的图形，寻找
圆面积的计算方法。过程中，除了知识的类比迁移，还有方法的类比
迁移，学生在这种变通思维的类比迁移中，实现了创新性思考。

（五）引导反向思考，逆向思维引领创新

逆向思维又称反向思维，是创新思维的一种主要形式。历史上很
多发明创造、数学原理的探索除了正向类比、迁移的重要作用外，很
多得益于反向思维。因此在数学教学中，引导学生独辟蹊径，学会变
换思路看问题，逆向思考问题往往会收到异乎寻常的效果。学生也会
在"啊？还可以这样？"的惊叹中收获逆向思考的智慧，感受创新带
来的快乐。

例如，在学习除法计算时，有一个重要的提示：0 不能做除数。这
只是数学书上的一个规定，具体为什么这么说，其中的道理是什么？
很多学生根本不知道。课上，借助这个知识点，教师就对学生进行了"逆

向思维"的训练。

师：书上告诉我们，"0"不能做除数，对此你们有什么疑问吗？

生：0 为什么不能做除数？

师：对呀！0 怎么就不能做除数了，你能结合自己的数学知识说说吗？

生：（生面面相觑，纷纷摇头）我们不知道怎么说。

师：这真的要数学家才能解答吗？给你们个提示，可以反过来想，要是 0 做了除数会怎么样？你们写个除法算式试试。

（学生尝试着写算式，如：$\boxed{4÷0=}$。）

师：你们觉得商是几？

生：0。

师：真的行吗？

生：（醒悟）不行。反过来，0×0=0，不得 4。

师：那商应该等于几？

生：（疑惑）4？

师：再试试。

生：也不行。反过来，4×0=0，不是商 4。

师：你看，难吗？用这么简单的算式就说明了为什么"0"不能做除数！对此，你有什么想法？

生：直接想不行，可以反过来想。

当学生在解决问题的过程中，"山重水复疑无路"时，教师可以引领他们反过来想，倒推着走，感受"柳暗花明又一村"带来的惊喜。这样思考问题的意识和方法，对于学生创新思维有着重要的引领作用，是数学学习中一种不可或缺的方法。因为很多数学原理、定律都是用反证法证明的。因此，培养学生的逆向思维，也是培养学生创新思维过程中非常重要的方法。

　　"不积跬步，无以至千里。"创新思维的培养是一项复杂而又艰巨的任务，无论是时代的发展需求，还是教育的必然路径，都对教育者发起了严峻的挑战。因此，我们应把创新思维的培养附着在每一节数学课中，让创新思维这棵参天大树在学生的深度思考中生根发芽，在学生每一天对知识的体验、探索中吸纳营养，在教师（园丁）的培养、训练中修枝剪叶，最终让学生的创新思维长成参天大树。

第三章　小学数学知识逻辑分析

数学知识本身具有严密的逻辑性，彼此之间可以形成联系紧密、纵横交错的知识网络。学生在实际的学习和应用数学知识解决问题的过程中，需要记忆、调取大量的数学知识，如果这些知识以杂乱无章的状态存在于学生的大脑中，会不利于被他们记忆、灵活调用，更不利于他们探究新知识、解决新问题，数学能力的培养也就无从谈起。

"以思维培养为中心"的马芯兰数学教育思想，其独具特色的"给核心概念以核心地位，构建良好的知识结构"的基本理念，很好地解决了知识、方法存在散落无章的问题。马芯兰老师从培养学生"结构化思维"入手，带领学生经历知识不断建构的过程，通过理解的学习，使知识之间建立起逻辑关系，很好地实现了学习的迁移，促进了学生逻辑思维的发展。

第一节　核心概念与数学知识

良好的数学知识结构是发展思维、提升学习能力最重要的载体。核心概念、数学知识是这一结构真正发挥作用的基础和保障。我们的教学，应该以核心概念作为基点，勾联与之有联系的数学知识，带领学生去研究问题的发生过程、概念的形成过程、结论的推导过程、规律的揭示过程……去研究已有知识怎样成为后续知识的基础。这样，才能保证学生学到的知识是活的，建构起来的结构是有根基的、有力量的。

但打开教材，我们会发现，教材中数学知识的编排，一般是讲完一个概念、一条规律、一种方法，紧跟几道例题，做一些练习。学生的学习过程主要以模仿的方式进行。这样的学习过程，使学生的头脑中的知识、方法都是散点状的，知识内部联系不紧密，学生的学习过程缺少思考的梯度和深度，难以形成能力。如何将这些知识散点勾联在一起，形成良好的知识结构，着力学生思维能力的培养？我们认为：给"核心概念"以核心地位，培养学生"结构化思维"是非常重要的。

一、以"核心概念"为核心理解教材

概念反映了客观事物的本质属性，是构成数学知识体系最基本的元素，具有"广泛而又强有力的适用性"，是基础知识的灵魂。小学数学的概念有很多，仅"数与代数"领域中的概念就有540多个。如何使这些概念形成内在联系紧密的整体，清楚地显现出它们之间的逻辑关系？我们以体现马芯兰数学教育思想的"给核心概念以核心地位，构建良好的知识结构"的基本理念为指导，运用"整体"的思想，站在整体把握小学数学课程的高度去研读教材、理解教材、把握教材。我们抓住知识间的内在联系与儿童智力发展的特点和规律，从众多的概念中选取了十几个最具有普遍意义和起决定作用的概念为知识核心，如"和""同样多""份""数位、计数单位、进率""倍""分数"等，把它们放在核心地位，再根据这些基本概念与一般概念及知识的从属关系，架构出纲目清楚、主次分明的知识结构体系，以体现它们之间的逻辑关系。下面以二年级教材相关内容为例来阐述我们的做法（图3-1）。

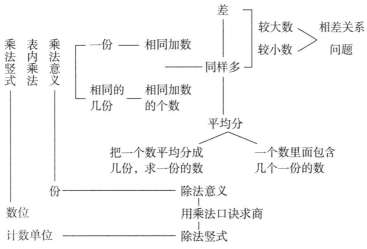

图 3-1　二年级教材知识结构图

从上图中，我们可以看出二年级教材涉及的知识主要有相差关系问题、乘除法的意义及有关计算知识。基于这些知识间的内在联系，我们首先对这些知识进行了分析、研究，从中找出了所含知识的共同因素和迁移作用最广泛的概念——"同样多"，把它作为核心去研读教材、理解相关知识。

众所周知，"同样多"这个概念是在一年级学习比较大小数时建立起来的。两个数进行比较，比较的结果相等，就说明这两个数同样大。比较的结果不相等，就说明这两个数不同样大。当两个数比较，不同样大的时候，就出现了差、较大数、较小数，以此引出有关这三个数量之间关系的相差问题；接着我们把"同样多"这个概念纳入加减法计算中，在计算 6+6，8+8+8 等练习中，引导学生观察加数都相同的特点，进而引出"相同加数"和"相同加数个数"的新概念，为学习乘法意义打下基础；同样，我们还可以通过"同样多"引进"份"的概念，在学习乘法意义时，从"份"的概念出发，将一份和相同的几份与相同加数、有几个相同加数有机地联系在一起，最终落实到"几个几"这一意义上，以此进一步理解"一份的数""份数""总数"之间的关系，为学习除法做准备；通过每份数就是"同样多"，继续引申认识平均分的意义，从而理解了除法的意义。这样以"同样多"这个最基本概念为核心，使相关教材的有关知识连成线、形成块、结成网，形成了纲目清楚的认知网络。运用"整体"的思想，给核心概念以核心地位，构建良好的知识结构的教学，不但可以清晰知识的来龙去脉，而且为学习的迁移创造了条件。

二、以"核心概念"为核心进行单元设计

数学知识本身的内在联系是紧密的，是一个结构严密的整体，因此在教学中我们注意从知识整体结构的高度来研究每一局部知识的地位和作用，挖掘它们中间有利于学生智力发展与思维能力培养的因素，在知识的内在联系上下功夫，根据知识的整体结构进行单元设计。这样设计教学内容，有助于学生对所学知识清晰地记忆，深刻地理解，牢固地掌握和灵活地运用。

例如，二年级下册教材第七单元"万以内数的认识"，安排了将近30页的内容，仅例题就安排了13道，如图3-2所示。

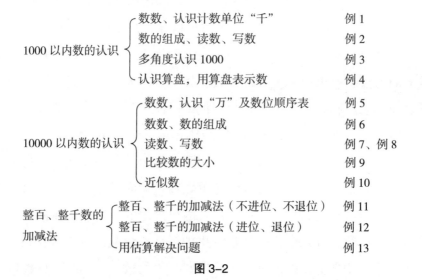

图 3-2

　　这么多的内容，一个一个去教，显然不行，不仅费时，而且给学生留下的都是无序的散点。备课时，我们从知识的整体结构入手，通过抓住单元的核心概念，去整合知识点，建构知识体系。13道例题，我们仅用6课时就完成了（1课时研究万以内数的认识，跟进1节练习课内化，1课时认识算盘，1课时认识近似数，1课时学习用估算解决问题，1课时梳理沟通），学生在课堂中的反馈非常好，使教学过程在现有条件下选择的教学手段和方法得以具体实施，并获得最大可能的效益，使教学过程达到了最优化。

1. 对教材内容进行整体结构的分析

　　通过梳理，我们会发现本单元主要包括7个知识点：数数、数的组成、数的读写、比较数的大小、算盘的认识、近似数、简单计算和估算。看似是7个知识点，实则都是在围绕"数的意义"进行学习（图3-3）。无论是数万以内的数、认识数的组成，还是读写万以内的数、比较数的大小及后面的计算，都离不开对数的意义的理解。而数的含义是数字与数位的有机结合，因此学生只有从数位、计数单位的概念出发，才能真正理解数的意义，进而达到认识万以内数的目的。所以数位、计数单位这两个最基本的概念，是教学万以内数的认识的核心，是知识的"魂"，抓住了这个"魂"，学生理解才深刻，也才能使20以内数的认识、100以内数的认识、万以内数的认识的有关知识形成一个有机的整体，为学习万以内的加减法和四年级学习大数的认识，奠定良好的基础。

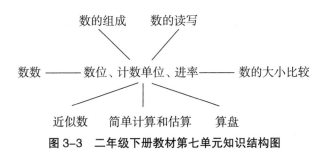

图3-3　二年级下册教材第七单元知识结构图

2.对教学内容进行单元教学设计

小学学习数的认识，一般都是围绕数数、组成、读写数、数序、比较大小展开。我们知道理解数的意义离不开对数的组成的研究，读数又离不开写数，实际上它们是一个有机的整体。分开学费时又费力，所以在设计教学过程时，我们给核心概念"数位、计数单位、进率"以核心地位，通过迁移，进行了整合（其中读写数、比较大小可以放在练习课中处理）。下面是我们的教学过程设计。

环节一：情境引入，感受生活中的大数

1.教师谈话引入

有的同学跟我说生活中有好多比 100 大的数，为此，有的同学进行了收集，我们就先来看一看大家都找到了哪些比 100 更大的数（图3-4）。

出示：

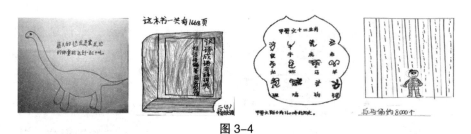

图 3-4

2.小结

在我们的生活中，兵马俑的个数、甲骨文的历史年限等都可以用比 100 更大的数来表示，看来在我们的身边还真的存在很多比 100 更大的数。

环节二：借助计数工具，探究新的计数单位"千"和"万"，理解十进关系

1.复习学过的计数单位

（1）每名同学都带来了 100 粒豆子，请同学们回忆一下，你是怎

么数的？（1个1个、2个2个、5个5个、10个10个……）

（2）这么多方法，都能数出100粒豆子，那你们觉得哪种方法最快？（10个10个地数）

追问：10是怎么数出来的？（1个1个）

1个1个地数，10个一是多少？（板书：十　　个）

10个10个地数，10个十是多少？（板书：百）

【数豆子的过程，其实是在唤醒学生对数位、计数单位、进率的记忆，这是在为新知识的学习做思维和知识的孕伏。"为进而退，退中悟理，执理前进"，使新知识自然迁移，顺理成章。】

2. 认识计数单位"千"，知道千与百的关系

（1）同学们的小盒子里装的就是100粒豆子，我们把它们放在杯子里，看看有多少。先请组长把自己的100粒豆子放到杯子里，大家一起看看有多少，然后用水彩笔在杯子上画个记号。

（2）请组长把杯子里的豆子倒出，（出示杯子）杯子上留下了这个小小的记号，它能告诉我们什么呢？

（3）100粒豆子这么多，那你们猜猜这个杯子里大约能装多少粒豆子？

（4）那好，现在我们就来一百一百地放豆子，看看这个杯子能放多少粒豆子？

学生一边收集一边数：一百、二百、三百（师问：三百里面有几个一百？）四百、五百、六百、七百、八百（师问：八百里面有几个一百？）九百，一千！

（5）这个杯子能装多少粒豆子？一千我们是怎么数到的？一共数了几回？

（6）10个百是多少？一千里面有几个百？

（7）看看这1000粒豆子，你有什么感觉？（很多）

（8）千也是一个计数单位，它可以帮我们数更大的数。

3.认识计数单位"万"，知道万与千的关系

（1）现在，我们来一千一千地数（教师用透明塑料大箱子收集每个小组的一千粒豆子），一千、二千、三千、四千、五千（师问：五千里有几个千？）再加上四千是多少？（九千）再加上一千——一万！

（2）一万里面有几个千？10个千是多少？

（3）万也是一个计数单位，当我们数特别大的数的时候，就要用到"万"这个计数单位。刚才，同学们觉得一千粒豆子就已经很多了，现在看看这一万粒豆子，你们想说点什么？（更多了）

（4）通过数豆子，我们认识了新的计数单位"千"和"万"，现在，谁能把我们学过的这些计数单位读一读？

和这些计数单位对应的数位分别叫——个位、十位、百位、千位、万位。

（5）你们知道相邻计数单位之间什么关系吗？

【把万以内数的认识纳入原有系统中进行建构，通过以"100""1000"为单位数豆子，感受"百"与"千"，"千"与"万"之间的十进关系，完善数位顺序表。在数数的过程中，融入数的组成，其目的是让学生感受数是由几个"计数单位"组成的，体会位值思想。】

4.课件展示一、十、百、千、万之间的关系。

环节三：借助直观模型，学习数的组成、突破拐弯数

1.课件分别出示105块小正方体和111块小正方体

（1）这是多少块？你是怎么知道的？

（2）你能从105数到111吗？先自己借助计数器数一数。

（3）我们从105数到111的过程中，做了这样一个动作（师回拨从个位满十向十位进一），这个动作是什么意思？

追问：为什么要进一啊？

（4）现在是 111，都是 1 颗珠子，表示的意思怎么不一样呀？

2.课件分别出示 3300 块小正方体和 4000 块小正方体

（1）这是多少块？你是怎么知道的？

（2）一百一百地数，你能从 3300 数到 4000 吗？先自己借助计数器数一数。

（3）我们从 3300 数到 4000 的过程中，做了这样的动作（师回拨从百位满十向千位进一），这个动作是什么意思啊？

3.出示计数器 9986 带着学生数到 10000

（1）从 9999 数到 10000 的时候，谁发现老师做了一个什么动作？这是在干什么呢？

（2）为什么要做 4 次满十进一呢？

【借助直观模型，感受数的结构，理解数的意义；通过数数、拨珠动作，突破拐弯数，巩固十进制计数法。】

环节四：梳理知识，小结提升

今天这节课我们一起认识了万以内的数，知道了 10 个百是一千，10 个千是一万，还知道了数的组成，学会了数数。其实，在数的世界里还有很多有意思的知识等着我们去探索呢！

数数、组成、数序等这么多的内容能有机地结合起来，其核心是：数位、计数单位、进率的概念在起着统领作用。"给核心概念以核心地位，构建良好的知识结构"的教学，使学生能主动利用原认知结构中的知识与新知识建立联系，相互作用，重新组合，构成新的认知结构，达到了事半功倍的效果。后面学习有关知识时，就可以不作为新知识来学习，而以训练课的形式出现，让学生自己去思考、去认识，从中探究方法。这样教学，为学生主体性的发挥创造了条件，使学生成了课堂的主人，使教学过程在现有条件下获得最大可能的效益，达到了教学过程最优化的目的。

三、以"核心概念"为核心勾联知识

随着新知识的增加，大量的新信息不断冲击着学生的头脑。学生的学习过程，应该是随着学习的进程，不断推陈出新、吐故纳新的过程。但是受学生年龄、心理特征发展的限制，这一期待性的学习过程，学生很难自主实现。我们以体现马芯兰数学教育思想"给核心概念以核心地位，构建良好的知识结构"的基本理念为指导，注重学生"结构化思维"的培养，引领学生在建立"承重墙"的同时，注重打通"隔断墙"，从而实现知识体系化、结构化，使知识、技能、方法、态度得到广泛迁移。

教学中要保证数学知识的结构化，首先需要加强数学知识的提炼与筛选。随着数学知识的不断增加，学生就会出现记忆、理解混乱的情况，所以教师需要对新知识与旧知识展开适当的组织与整理，引领学生去提炼数学知识，把一些重点知识、核心概念统统归纳到原有数学知识结构中。除此以外，教师还要引导学生定期展开综合与重组，因为新知识会和旧知识发生冲突，这时候就需要教师加以正确的引导，让学生对脑海中所有的知识进行重构，在重构的过程中勾联成线、再成网，做到融会贯通。

例如，在四年级学完小数的意义之后，我们上了一节单元复习课，设计了一个整数、小数梳理沟通的环节。通过"计数单位"这一核心概念的引领，打通小数知识与整数知识的内在联系，在完善知识体系的过程中，凸显核心概念"数位、计数单位、进率"在"数"的学习过程中的核心地位。

环节一：回顾对比，感受数的认识角度

1.刚才，围绕着数位、计数单位、进率，复习了……

（师板书：小数的意义、小数的性质、小数比大小、近似数）

2. 这些与小数有关的知识, 是不是感觉特别熟悉? 把你的感受在下面的数位表上表达出来。

3. 展示学生作品 (图 3-5)。

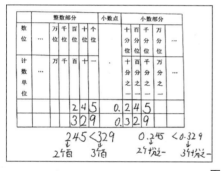 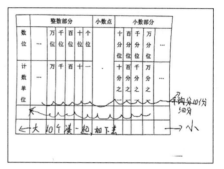

图 3-5

监控: 整数和小数的知识有什么联系和区别呢?

4. 小结: 看来在数的家族中, 整数和小数有着很多相同或者相似的地方, 这些发现对于我们深入认识数、研究数有着很大的帮助。

抓住核心概念"数位、计数单位、进率"进行勾联, 通过对知识的辨析、理解, 引导学生把新知识纳入原有的认知结构中, 使得学生在研究数的知识时, 就有了审视的角度和研究的视角, 为学生结构化思维的形成奠定了坚实的基础。

"学习就是建立一种认知结构, 就是掌握学科的基本结构以及研究这一学科的基本态度和方法。"这是美国心理学家布鲁纳提出的认知结构学习理论的基本主张，可见，掌握数学知识的基本结构多么重要。教学中，给核心概念以核心地位，通过对核心概念不断地理解、训练、运用，把具有紧密联系的知识有机地连缀在一起，使学生在体验、理解数学逻辑之美的同时，很好地促进了逻辑思维的发展。

第二节　迁移与数学能力

所谓迁移，即过去所掌握的知识或能力对具有共同或相似因素的新知识或能力形成的影响。

所谓数学能力，中国较为流行的观点认为是顺利完成数学活动必需的心理特征。随着数学课程改革的不断推进，人们对数学能力的研究越来越深入，提出了数学关键能力的概念。数学关键能力目前没有精准的定义，通过对能力和其他学者对关键能力的阐述，我们认为数学关键能力是指数学能力中，处于中心位置的、最基本的、可迁移的、能起决定作用的能力。其主要包括运算能力、空间观念、数据分析观念、推理能力、抽象能力等。

数学能力（关键能力）是在数学活动中后天形成的，是学生在掌握数学知识和技能的基础上，通过迁移使数学知识和技能不断整合、类化而形成并发展起来的。数学由于其自身的抽象性、逻辑性的特征，使它成为训练人们数学能力（关键能力）发展的最好学科。"渗透、迁移、交错、训练"，是马芯兰老师培养学生能力独到的训练方式，其核心是"迁移"。由此可见，学生数学关键能力的提升与迁移密不可分，离开迁移，数学关键能力的培养将成为无源之水、无本之木。

一、给"核心概念"以核心地位，迁移中培养数学能力

"以思维培养为中心"的马芯兰数学教育思想，以其独具特色的"给核心概念以核心地位，构建良好的知识结构"的基本理念，为我们

的数学教学提出了理论依据。课堂教学如何以核心概念为依据，为学生的顺利迁移创造条件，引领学生在获取知识的同时，形成数学能力，是我们每节数学课都应该思考的问题。

（一）运算能力的培养

关于运算能力，《课标》解读为：能够根据法则和运算律正确地进行运算的能力。运算能力的形成可以分成三个阶段：①能够按照一定的程序与步骤进行正确运算。②不仅会正确、熟练地进行运算，而且理解运算背后的道理。③能根据题目条件寻求合理、简洁的运算途径来解决问题。运算能力是运算技能与逻辑思维等能力的有机整合，不仅是一种数学的操作能力，更是一种数学的思维能力。

学生运算能力的培养是否能在迁移学习中完成？我们曾经做过研究，研究的内容是整数、小数、分数加减法的计算。得出的结论是：可以在迁移中培养学生的运算能力。下面是我们的研究过程。

第一步：调研先行，确定目标。

"重构教材，让学生在迁移中执理前行"是否符合学生的学习特点和认识规律？为此，我们进行了科学地调研。

参加调研的是 90 名一年级的学生，这些学生的认知基础是有关百以内数的认识（相关的计算没有学习）。为了了解"相同计数单位才能相加减"在他们心目中的样子，我们设计了如下的问题情境（图 3-6）。

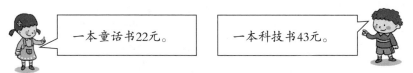

一本童话书22元。 一本科技书43元。

买这两本书一共多少钱？

图 3-6

此题的正确率达到了 93%。下面是大部分学生完成此题的想法（图3-7）。

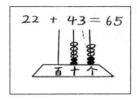 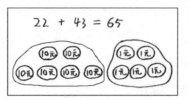 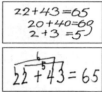

图 3-7

有的学生借助计数器解决了问题；有的学生借助人民币的知识解决了问题；还有的学生转化成了旧知识，把十位和十位上的数相加，个位和个位上的数相加解决了问题。这些解决问题的方式虽然不一样，但是都形象地说明了"相同计数单位才能相加减"。这就说明学生在计算的学习中可以通过原有知识的迁移来完成学习。

第二步：梳理内容，构建结构。

通过对一年级学生的调研，我们发现："迁移解决新问题"是可以促进学生的探究学习和深入思考的。这一发现促使我们进一步思考：如何保持并激发学生的这种迁移，在计算教学中培养学生的运算能力？现有教材内容的编排结构是否有利于学生运算能力的培养？于是我们对教材中整数加减法计算的教学编排进行了梳理，如图 3-8 所示。

单元		内容		课时
整数加减口算	一下 100以内的加法和减法（一）	整十数加、减整十数	10+20 30-20	1
		两位数加一位数、整十数（不进位）	25+2 25+20	2
		两位数加一位数（进位）	28+5	
		两位数减一位数、整十数（不退位）	35-2 35-20	2
		两位数减一位数（退位）	36-8	
	二下 万以内数的认识	整百、整千的加减法（不进位、不退位）	1000+2000 2000-1000	1
		整百、整千的加减法（进位、退位）	80+50 130-50	
	三上 万以内数的加减法（一）	两位数加两位数	35+34 39+44	2
		两位数减两位数	65-54 65-48	
合计			9道例题	8+4

单元		内容		课时
整数加减笔算	二上 100以内的加法和减法（二）	两位数加一位数（不进位）	35+2	3
		两位数加两位数（不进位）	35+32	
		两位数加一位数、两位数（进位）	35+37	
		两位数减两位数（不退位）	36-23	
		两位数减两位数（退位）	51-36	2
		两位数减两位数（退位、被减数个位是0）	50-24	
	三上 万以内的加法和减法（二）	三位数加三位数（不进位）	271+122	2
		三位数加三位数（一次进位）	271+31	
		三位数加三位数（连续进位）验算	445+298	
		三位数减三位数（不退位）	435-322	3
		三位数减三位数（连续退位）	435-86	
		三位数减三位数（连续退位、中间有0）验算	403-158	
合计			12道例题	10+5

图 3-8

从图 3-8 中我们可以看出，整数加减法计算一共安排了 21 道例题，由 28 道题目组成。我们以百以内的加减法的编排为例来分析，先编排的是加法运算，两位数加一位数不进位加法 35+2，两位数加两位数不进位加法 35+32，两位数加两位数进位加法 35+37；然后编排的是减法运算，与加法的编排体例相同，其中退位减法就编排了两道例题：51-36、50-24。从例题编排来看，采用的是小步子编排法。小步子编排虽然可以有效地保证学生对算理的理解及计算的正确率，但由于步子迈得小，留给学生探索的空间就小，这不利于学生迁移、自主构建对知识的理解，学生的运算能力也就得不到充分的发展。

通过对整数加减法例题的梳理及分析，我们思考：怎样才能在核心概念的引领下，最大限度地通过学习迁移，培养学生的运算能力？为此，我们把小学阶段的所有加减法运算都进行了梳理和分析，我们发现："相同计数单位个数相加减（累加和递减）"是通理的核心。为此，我们对小学阶段的加减法运算进行了整体的梳理和编排，形成了知识结构图（图 3-9），其目的就是想最大限度地发挥学习的迁移。

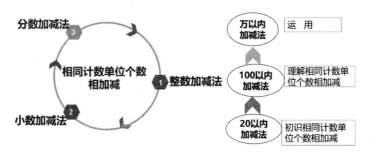

图 3-9

第三步：结构引领，重构课时。

以这样的结构为引领，怎样整合内容才能既引领学生在迁移中进行理解性的学习，渗透结构化思维，又能引领学生在理解算理、形成算法的过程中提升运算能力？答案仍然是：调研先行，让研究有依有据。于是，我们针对前期参加调研的 90 名一年级学生再次进行了调研。这次调研的题目是"不进位加法和不退位减法"，调研题目和调研结果如图 3-10 所示。

题目	正确人数	正确率
523+124	85	94.4%
584−213	84	93.3%
647−15	83	92.2%

图 3-10

从图 3-10 中我们看出三道题的正确率都超过了 90%。面对大数的计算，我们看看学生的做法（图 3-11）。

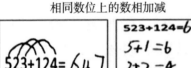

图 3-11

通过学生的做法，我们发现"相同计数单位个数相加减"这个通理在学生的心里已经扎下了根。他们根据一年级学习的经验，通过迁移理解，很好地完成了新任务。可见，迁移学习对学生是非常重要的，有了迁移，他们可以把不会的变成会的，把看似不可能的变成完全可能实现的。

为了进一步证明我们的结论，我们对刚进入二年级的 210 名学生进行了调研，这次调研的题目是"进位加法和退位减法"。

第一组：竖式计算

24+39=   126+87=   6425+289=

第二组：竖式计算

35-18=   50-24=   100-49=   543-129=

800-47=   5864-386=

图 3-12

面对这些没有学习过的内容，大部分的题目学生的正确率都超过了 85%（如图 3-13 的题目）。即便是连续进位加法、退位减法的计算问题，学生都能够运用自己对"相同计数单位才能相加减"的理解迁移解决问题。

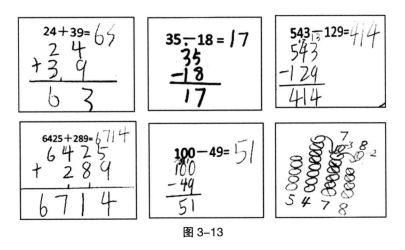

图 3-13

针对学生的所有调研数据和反馈，更加坚定了我们最初的想法：以计数单位为核心的通理是沟通内在联系的核心，迁移是学生解决计算问题的有效手段。基于这样的认识，我们重新架构了万以内数的加减法的计算，如图 3-14 所示。

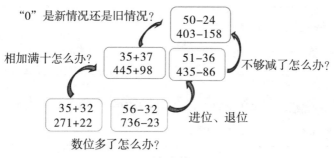

图 3-14

我们设计的第一课时是不进位加法，第二课时是不退位减法，把这两节课作为种子课，在此基础上构建的第三课时是进位加法，第四课时是退位减法，最后是有"0"的退位减法。在这里我们会把第一课时和第二课时作为单元开启课，也就是我们常说的种子课，进行重点研究，目的是想通过这样的内容的探索，让相同计数单位相加减深深根植在学生心中，并以此为基础，让学生在迁移中解决进位加法和退位减法的问题，积累更加丰富的经验后，继续迁移解决有"0"的退位减法的问题。这样的内容架构，不仅凸显了在学生探求算法过程中"迁移"的重要作用，更凸显了"核心概念——计数单位"的核心地位，为学生形成通法、探索方法提供了广阔的空间。根据课的内容特点，我们给这几节课起了恰当的名字，第一节课和第二节课：数位多了怎么办？第三节课：相加满十怎么办？第四节课：不够减了怎么办？第五节课："0"是新情况还是旧情况？其目的就是让学生清晰每一节课学习的任务、要解决的问题。

基于对整数加减法计算的研究，我们紧抓学生的实际情况和核心概念，对小数加减法计算和分数加减法计算也进行了重构。我们先来看看学生在前期调研时的想法。

小数计算：

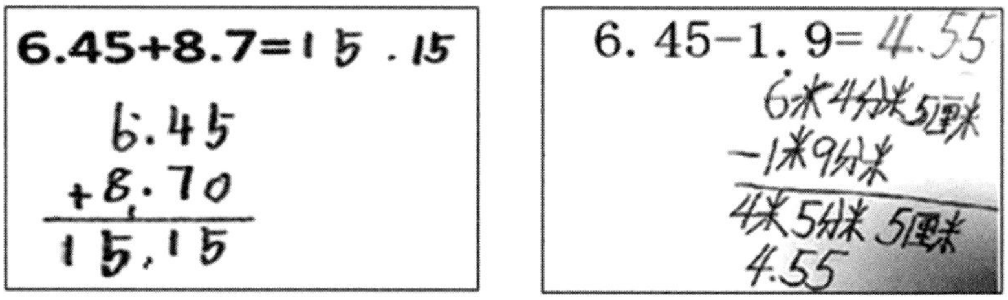

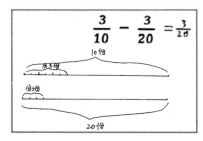

6.45+8.7=15.15
6.45
+8.70
15.15
6.45−1.9=4.55
6米4分米5厘米
−1米9分米
4米5分米5厘米
4.55

图 3–15

分数计算：

3/10 − 3/20 = 3/20
10份
20份
3/10−3/20=6/20−3/20=3/20
因为分母不相同，而且还是倍数关系，
20÷10=2，除的开，20÷10=2，2×3=6，
得知分子是3，得出结果

图 3–16

从调研中，我们可以看出“相同计数单位个数相加减”这一核心概念已经深深地植根于学生的心中，对这一核心概念的迁移理解与运用足以支撑他们完成小数和分数加减法计算的探究。基于这样的认识，我们对小数加减法计算和分数加减法计算也进行了重构，如表 3–1、表 3–2 所示。

表 3–1

教材单元	内容		课时
四年级下册 小数的加法和减法	如何保证数位对齐？	6.45+8.3 8.3−6.45	1
	梳理沟通课（沟通整数、小数加减计算的本质）		1

表 3-2

教材单元	内容		课时
五年级下册 分数的加法和减法	分母不一样怎么办？	$\dfrac{3}{10}+\dfrac{1}{4}$ $\dfrac{3}{10}+\dfrac{4}{20}$	1
	技能训练课（算理、算法）		1
	梳理沟通课（贯通整数、小数、 分数的加减本质）		1

正因为有了这样的整合和迁移训练，才使学生在进行探究性学习时有了更大的探究空间，才能让他们的迁移理解和结构化思维有了运用的可能，进而让他们在学习的过程中有了更多理解算理、形成算法的途径，提升运算能力。

第四步：构建课型，执理前行。

加深学生对"相同计数单位的个数相加减"的深刻认识和理解，除了在前期调研的基础上根据教材内容重新构建课时外，还应在课时中间穿插技能训练课和算理沟通课，用以帮助学生巩固算理和算法，在迁移中形成通法，在迁移中提升运算能力。基于这样的认识和理解，我们在实际教学中设计了 4 种课型，内容设计和目标如图 3-17 所示。

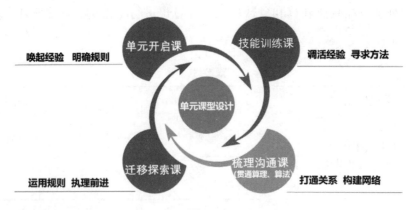

图 3-17

这就是我们对小学阶段加减法运算单元的整体架构，其目的是抓住核心概念——计数单位，引领学生在迁移中不断前行，探索算理的同时形成算法，从而培养学生的运算能力。这样重构下的内容、课时的编排，体现了学生迁移理解的学习过程，更体现了对学生"结构化思维"的渗透过程。

典型课例赏析

单元开启课："数位多了怎么办？"

单元开启课，是核心概念建立的关键。学生将以此为基石，开启他们对核心概念的探索、迁移、应用之旅。怎样在开启课中，引领学生迁移、理解"相同计数单位个数相加减"这一道理？我们以整数加减法的单元开启课为例和大家进行交流。这节课的主要任务是：理解单位的统一性是决定能否直接计算的先决条件，在计算方法和道理顺应过程中完善认识。下面是主要的教学过程（表3-3）。

表3-3

单元开启课 "数位多了怎么办？"		核心问题
35+32	271+22	（1）你是怎么计算的？ （2）为什么要这样对齐了算？能借助小棒或画图来说明你的想法吗？是什么让你想到了要把数位对齐呢？ （3）这几道题的解决办法，有什么相同的地方？ （4）按照这样的方法我们还能计算什么样的题目？

通过4个核心问题的引领，让学生在探究中确立"相同计数单位才能相加减"这一认识，为后续的研究打下坚实的基础，让迁移发挥其巨大作用成为一种可能。

梳理沟通课："它们之间有什么关系？"

梳理沟通课，从名字上就可以看出，其最大的意义是帮助学生沟通知识之间的内在联系，构建知识结构。下面，我们以小数、分数这节梳理沟通课为例，说明是怎么沟通小数与十进制分数加减法计算关系的。这节课，我们的主要任务是沟通小数与十进制分数的加法计算的本质，即计数单位相同才能相加（表3-4）。

表 3-4

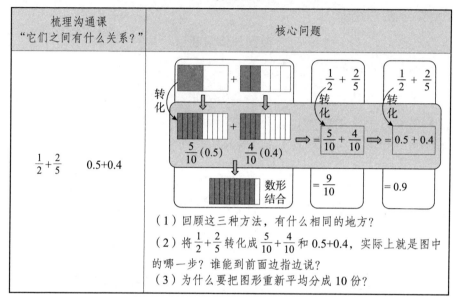

梳理沟通课"它们之间有什么关系？"	核心问题
$\frac{1}{2}+\frac{2}{5}$　0.5+0.4	（见上图） （1）回顾这三种方法，有什么相同的地方？ （2）将$\frac{1}{2}+\frac{2}{5}$转化成$\frac{5}{10}+\frac{4}{10}$和0.5+0.4，实际上就是图中的哪一步？谁能到前面边指边说？ （3）为什么要把图形重新平均分成10份？

在这样三个问题的引领下，数形结合打通了小数、分数计算的关系，凸显了计数单位的核心作用，帮助学生构建了知识结构，渗透了结构化思维。

这样的研究过程和思路，正是以马芯兰数学教育思想"给核心概念以核心地位，构建良好的知识结构"为引领，让学生在迁移中执理前行，在迁移中形成理解，在迁移中完善结构，从而真正实现了数学关键能力之———运算能力的提升。

（二）空间观念的培养

所谓空间观念是在空间感知的基础上形成的，如关于物体的形状、大小和相互位置关系在人头脑中的表象，它是以"图形与几何"领域的内容作为主要载体在学生头脑中逐渐形成的。

"图形与几何"领域的内容，其本源是度量。图形本身的概念可以在度量中建立，图形大小可以度量，图形的位置及其变化关系也是在度量的基础上进行研究。既然度量离不开单位，由此可以确定"度量单位"是"图形与几何"领域的核心概念。基于这样的认识，我们把小学阶段"图形与几何"的内容梳理出了如图 3-18 所示的结构图。

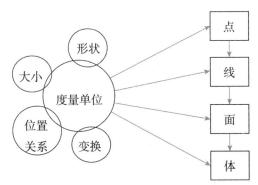

图 3-18　"图形与几何"知识结构图

从图 3-18 中，我们可以看出核心概念"度量单位"是小学阶段所有图形研究的抓手，是学习的源头活水。它是沟通一维、二维、三维图形之间内在联系的桥梁，是沟通研究图形内容角度、方法、关系的基础，所以在学习的过程中怎么重视它都不为过。

例如，在研究平行四边形面积的计算时，我们就可以抓住度量单位这一核心概念，引领学生进行研究。在迁移中引领学生构建对知识的理解，培养学生的空间观念。

环节一：回忆旧知，孕伏铺垫

1. 长方形的面积等于什么？（板书：$S_{长}=$ 长 × 宽）

2. 在求长方形的面积时，长和宽分别表示什么意思？求长方形的面积就是在求什么？

出示图 3-19。

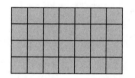

长——一行有几个小单位
宽——有这样的几行
长×宽——一共有多少个小单位

图 3-19

环节二：实践操作，探究平行四边形面积公式

1.平行四边形的面积怎么求？请你想办法先研究一下方格纸上这个平行四边形的面积到底是多少？（图 3-20）

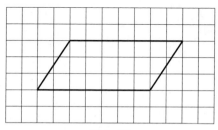

图 3-20

预设：转化为长方形（图 3-21）。

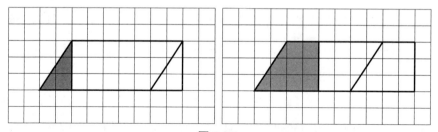

图 3-21

监控：怎样求变完后图形的面积？

（每行几个 × 几行）

小结：看来求这个平行四边形的面积也是用每行有几个面积单位乘几行得到一共有多少个面积单位。

2.沟通联系

（1）每行面积单位的个数在平行四边形的哪儿去找？行数又对应平行四边形的哪儿？

（2）底 × 高的意思是什么？

学习的迁移，是以核心概念"度量单位"为核心，通过寻找度量单位的个数的方法，概括出新旧知识间的共同本质实现的。本课并没有直接让学生利用割补法把平行四边形转化成长方形，进而得出平行四边形的面积公式，而是引导学生不断对旧知识进行回忆，找到知识的生长点，以此为出发点，有意识地沟通新旧知识间的联系，从面积单位着手，迁移中帮助学生理解面积的意义，揭示知识之间的内在联系。

学生对于度量单位、度量单位的个数有了深刻的认识后，在解决体积的相关知识时，就会不自觉地进行知识和方法的迁移，进而解决问题。给核心概念"度量单位"以核心地位，通过对核心概念的迁移理解，在不断构建良好的知识结构中，很好地促进了学生对知识的理解，发展了学生的空间观念。

二、充分联想，迁移中培养数学能力

联想是思维的一种特殊形式。美国心理学家吉尔福德曾把人的认知活动划分为五个方面：知识、记忆、发散思维、聚合思维和评价。联想就是发散思维的一种。孔子曰："参乎，吾道一以贯之。"其中"一以贯之"就是融会贯通、举一反三。融会贯通的背后，除了基础知识的支撑，联想的力量也是不可忽视的。马芯兰老师非常重视运用联想培养学生的思维能力，她常说："没有联想，哪儿来的创新。"可见，联想学习对数学能力的培养是多么重要。

（一）迁移联想，培养抽象概括能力

数学抽象概括能力是数学思维能力，也是数学能力的核心。数学抽象概括能力由抽象和概括两部分组成。它是一种数学思维能力，是人脑和数学思维对象、空间形式、数量关系等相互作用并按一般思维规律认识数学内容的内在理性活动，是高层次的数学思维能力。它具

体表现为：在普遍现象中存在着差异的能力，在各类现象间建立联系的能力，分离出问题的核心和实质的能力，由特殊到一般的能力，从非本质的细节中使自己摆脱出来的能力，把本质的与非本质的东西区分开来的能力，把具体问题抽象为数学模型的能力等。

例如，学习乘法分配律时，很多教师都尝试引领学生经历观察、猜想、验证的过程，在充分的"联想"中迁移学习，培养学生的抽象概括能力。

"乘法分配律"的探索

师：仔细观察我们列出的这些算式，你们发现了什么规律？（图3-22）

$$(25+20) \times 4 = 25 \times 4 + 20 \times 4$$
$$(5+10) \times 2 = 5 \times 2 + 10 \times 2$$
$$(3+17) \times 2 = 3 \times 2 + 17 \times 2$$

图 3-22

生：左边和右边相等。

师：什么样的两个算式，我们就可以说相等？

生1：（沉默）两边都乘2，前边乘2，后边也乘2。

生2：前后得一样。

师：不太好说，是吧？这样我们读读这些算式，边读边用动作表示出来。

（学生一边读算式，一边把每个算式的意思用手势表达出来。例如，表达25+20的和，学生们用到了形如这样的动作  ，在读到25×4+20×4时，学生用到了这样的动作：  。）

师：怎么做了两次这样的动作？

生1：这个得公平，它们两个是平等的，你干啥了，我也得干啥。

生 2：要公平对待括号里的两个加数，它们是一个级别的。

师：结合你们的动作想一想，你能发现什么规律？

生 1：我发现，前面括号里的加数要和括号外面的数分别相乘再加，左右两边才相等，得乘 2 次，再加。

生 2：括号里的数分别乘外面的数，再加起来就行。

师：联想一下，这样的事儿，你们平时见到过吗？

生 1：买几套衣服，是分着算钱还是先算上衣，再算裤子。

生 2：买桌椅，是一套一套算钱，还是先算桌子，再算椅子。

师：你们能用简单的形式，把这样的事儿概括出来吗？

生 1：两个数的和乘一个数，就是这两个数分别乘那个数后加起来。

生 2：$(a+b)×c=a×c+b×c$。

师：由此你们能想到什么？有什么想继续研究的吗？

生 1：括号里的两个数，就是这两个数乘外面的数，要是括号里面有更多的数也是分别乘后再加吗？

生 2：要是括号中间是减号也是这样吗？

生 3：我想知道后面要是除号，也能这样吗？

师：这么多问题，我们怎么研究？

生：多举一些例子，看看是不是都这样。

此案例中，教师引领学生进行了两次联想。第一次，让学生结合算式的特点，联想生活中哪些地方遇到过类似的事儿，通过把算式再次还原生活原型，学生对于乘法分配律有了直观"反刍"式的认识，为他们的抽象概括、推理公式打下了坚实的基础。第二次，在学生抽象出规律、形成模型后，教师继续让学生进行联想：由此你又能想到什么？还有什么要研究的吗？学生在充分的联想中，提出了"要是括号里面有更多的数也是分别乘后再加吗？""要是括号中间是减号也是这样吗？"学生在充分的联想中，进行着第二次的猜想和验证。在拓展"乘法分配律"的理解空间的过程中，拓展了学生的推理空间，也为后续的抽象概括提供了可能。

（二）迁移联想，培养推理能力

推理能力是以敏锐的思考分析、快捷的反应，迅速地掌握问题的核心，在最短时间内做出合理正确的选择。推理能力是十大核心词之一，是学生数学学习过程中的关键能力。《课标》中明确指出："推理能力的发展应贯穿于整个数学学习过程中。"教学中我们经常会引导学生对一些数学知识、原理等进行观察、实验、归纳、类比……进而进行大胆的猜想，然后通过证明猜想是否正确来学习数学知识。可见，推理能力的培养离不开大胆的猜想、丰富的联想，所以在实际教学中，我们要努力尝试引领学生在"想"中猜测，在迁移中验证，从而提升学生的推理能力。

把所有的都包起来

吴老师以小猴分桃子的故事为情境，启发学生列出了两组算式后，提出了如下的问题。

师：这两组算式的商怎么就不变了？请你任选其中的一组算式，把你的发现表示出来。

（学生小组研究）

师：谁来说说你们的研究过程和发现？

学生展示（图3-23）。

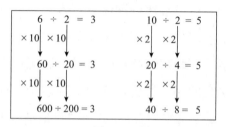

图3-23

师：你能根据你们的这个发现，再写出几组这样的算式吗？

生1：4÷2=2　　40÷20=2　　400÷200=2

生2：8÷2=4　　16÷4=4　　32÷8=4

生3：20÷5=4　　40÷10=4　　80÷20=4

……

师：你们能说得完吗？

生：永远都说不完，太多了！一辈子也说不完了！

师：就这个一辈子也说不完的事儿，你们能不能用一句话或者一个式子来表示？

（学生自己静下心来反思学习过程，尝试写出自己的感悟。）

师：展示一下你们的想法。

生1：我发现怎么也写不完，永远也写不完。

生2：商与被除数、除数有关系。

师：你们想问他点什么？

众生齐问：到底有什么关系？

生2：我发现它（被除数）乘2，它（除数）也乘2，商就不变。

生3：你乘10，我乘10，商就不变。

生4：你乘几，我乘几，商就不变，不管什么样的除法算式，都是这样的。

师：这个你是谁？我是谁？商才不变呢？

生4：你就是被除数，我就是除数。

师：看她就把前边你们所表达的意思总结出来了。3号同学，你面对她的总结有什么要说的吗？

生3：我没有把所有说全，还有的不是乘10呢，她的就把所有的说全了。在总结什么时，要把所有的情况都包起来。

（学生觉得自己的表达还不能够完全表达自己的意思，还夸张地做了一个手势，仿佛把一切事物都包在了一起。）

师：对呀，要把所有的说全了，刚才有些同学的帽子有点小了。我看到有的人是这样总结的，你有什么想法吗？

被除数 ÷ 除数 ＝ 商
×□　　×□　　商不变

生：我觉得还可以把方框分别变成 $\times x$ 和 $\times x$。

师：你的 x 代表什么？

生：要是5就都是5，要是10就都是10。这个就是说，以后只要被除数、除数同时乘一个相同的数，商就是不变的。

至此，学生在不断地联想过程中完成了归纳推理的过程，建立了商不变性质的数学模型。从吴老师的这个案例中，我们可以看出，教师引领学生展开了丰富的联想，由一组算式的规律进行联想，在迁移中，引领学生想到更多组算式，展现了学生真实的学习过程和学习状态，使学生真切地经历着从模糊感知到抽象概括实现质的飞跃，使学生的科学归纳推理能力得到了有效提升。

"以思维培养为中心"的马芯兰数学教育思想，给核心概念以核心地位，在不断运用概念、引申概念的过程中进行有效的迁移，使学生头脑中形成一个最佳的认知结构，从而培养学生的判断、推理等重要的数学能力。这样的教学，才能帮助学生架起核心概念到问题解决的桥梁，为学生问题解决能力的提升奠定了坚实的知识基础和思考依据。

"授人以鱼，不如授人以渔。"努力分析小学数学的知识逻辑，牢牢抓住核心概念，以迁移教学为基本方式，尊重教育规律，努力提升学生的数学能力，可以促进学生知识掌握与能力培养的协同发展，更能发展学生的核心素养。

第四章　数学学习过程与数学思维培养

　　众所周知，数学学习和数学思维是相辅相成的关系，数学学习是发展学生数学思维的最佳途径，数学思维是促使数学学习真正发生的动力。"以思维培养为中心"的马芯兰数学教育思想，以其独具特色的"渗透、迁移、交错、训练"的学习方式，将数学学习过程与数学思维培养有机融合，最终将思维能力的培养落到实处。

第一节　让"探索"成为学生的行为常态

　　美国心理学家布鲁纳认为：探索是数学的生命线。《课标》也明确指出：数学学习活动应该是一个充满探索的、发现的过程，是一个具有生命力的过程。而思维的培养，是需要主体的自我体验、自我感受、自我领悟才能发展起来的。课堂教学中学生所经历的探索活动正为其创造了这样的机会，学生所经历的活动是开放的、自主的，是外部活动和内在心理活动共同存在的。这样的活动中思维的发生是必然存在的，并且能够给予学生足够的探索时空，学生在积极的、有意义的学习活动中运用所学的知识进行理性的思考与探索，进而促进思维的发展。

一、设计有梯度的探索活动

所谓梯度，就是指在教学活动中能做到由易到难、由简到繁、层层递进、步步深入，把学生思维的培养一步一个台阶地引向新的高度。学生认识事物的过程是按照从具体到抽象、从现象到本质、从简单到复杂的顺序逐渐深化的，并且每名学生都是独立的个体，他们的思维水平、认知基础与接受能力之间存在着较为显著的差异，这就决定了我们的教学要根据学生的特点设计有梯度的探索活动，使之获得最大限度的发展与提高，促进每一名学生数学思维的发展。

（一）活动层次有梯度

层次清楚、梯度明显的教学活动，能够使不同层次的教学目标与不同类型学生的活动相互协调，促进全体学生在各自原有的基础上有不同程度的发展。

"倍—分数的训练"是一节以"份"这个基本概念为核心，沟通数量之间关系的训练课。在本节课中，我们抓住核心概念设计了以下三个有梯度的学习活动。

1. 以图画形式勾联关系

出示图 4-1。

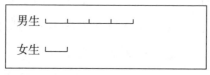

图 4-1

问题：观察这幅图，男生和女生的人数存在怎样的关系？

2. 以信息呈现形式进行勾联

出示：黑兔 4 只，白兔 20 只。

问题：这两条信息之间有关系吗？存在怎样的关系？

3. 以关系句形式进行勾联

出示：黑棋子的个数是白棋子的 3 倍。

问题：这句话你是怎样理解的？

这三个层次的学习活动，通过抓核心概念"份"，从"以图画形式勾联关系"，利用线段图画出分数中的"份"；到"以信息呈现形式进行勾联"，通过转化标准得到数量对应的"份"；再到"以关系句形式进行勾联"，不同理解方式的沟通转化。这样有梯度的活动设计，从具体到抽象，以多层次多角度的训练形式，明晰份、倍、分数之间的内在联系，使之系统化、结构化，在层层深入中培养了学生思维的深刻性。

（二）问题引领有梯度

问题是数学的心脏，概念的形成与确立，学生思维方法的训练与提高，以及解决问题能力和创新意识的增强，都是从"问题"开始的。数学学习过程中问题的设计应该是有梯度的，从逻辑上来说这些问题应该有特定的联系，而从思维上来说这些问题应该层层递进，只有这样才能让学生的思维不断经历再加工的过程，从而将学生的思维引向深刻，达到理解的学习。

关于对问题的设计，马芯兰老师很早就指出："教师在教学中要巧妙设疑，要问在学生的知识生长点上，以达到撬动学生思维的目的，从而调动学生积极参与教学活动。"教学中，我们按照马老师的指导，围绕环节目标，以"问题串"的形式呈现问题，层层递进，引领学生不断探索，从而理解知识的本质。

例如，"平均数"教学，在理解平均数的统计意义的环节，我们就设计了以下有梯度的一串问题。

问题 1：刚才你们说要想制订标准得知道平均数，现在这个组的平均身高知道了，那你们说能不能制订标准了？

问题 2：这是建东苑幼儿园大一班所有小朋友的身高数据，每个点

的位置就代表了一个小朋友的身高，你们觉得这所幼儿园大一班所有小朋友的平均身高在这幅图的哪儿呢？（图4-2）

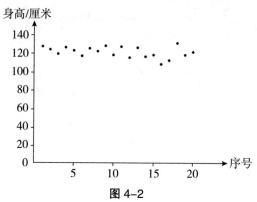

建东苑幼儿园大一班学生身高情况统计图

图 4-2

问题 3：这个班的数据有了，平均数也算出来了，这回能制订北京市的免票标准了吗？

问题 4：这是这所幼儿园所有大班同学的身高数据，这回能制订北京市的免票标准了吧？（图4-3）

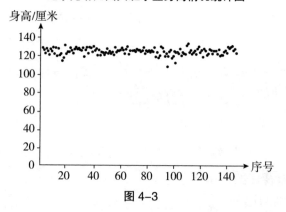

建东苑幼儿园大班学生身高情况统计图

图 4-3

问题 5：用选一部分作为代表进行调查的方法，算出来北京市 6 岁儿童的平均身高是 123 厘米，如果按这个平均身高制订北京市的免票

标准，你们觉得哪些人可以免票？如果定在 130 厘米呢？（图 4-4）

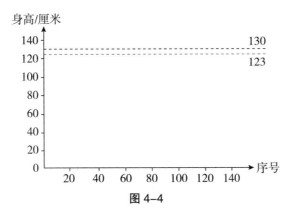

图 4-4

围绕平均数的统计意义设计了这样有梯度的 5 个问题，学生在问题的引领下，不断探索平均数的统计意义，体会到平均数代表的是一组数据的整体水平，并认识到平均数能帮助我们做出决策。通过以上"问题串"的设计，帮助学生理解了知识的本质，学生在思辨中思维的深刻性也得到了发展。

二、设计有宽度的探索活动

这里的宽度，指的是学习活动的开放度。因为学生的认知水平不同，开放的学习活动，能为学生提供一个良好的认知氛围，使不同水平的学生对数学产生探索欲望。在开放的学习活动中，学生有充分地从事数学活动的时间和空间，便于学生进行多角度、全方位的思考，有助于更好地理解数学知识，开放思维，提高思维的广度。

（一）创设开放性问题情境

1. 巧抓知识生长点，开放思维

学生思维的提升离不开教师所创设的有价值的开放性问题的引导，因此，在教学中，教师应抓住知识的生长点主动地开放课堂，从教学内容、学生实际去考虑教学创新因子，要让学生在课堂上有展示思维

过程的平台。因此，作为教师要重视学生主动发展的愿望，把教学过程转化为学生发现创造的过程。

"分数的初步认识"这节课，在学生充分地认识了分数、了解了分数的意义后，创设了"说分数"的活动。

教师出示了一块巧克力（图4-5）。

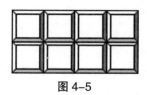

图4-5

问题：请同学们认真地观察，结合自己对分数的理解，看看能说出哪些分数？

学生的思维一下子打开了，通过认真地观察，结合自己对分数的理解，说出了许多不同的分数。有的说其中的1块是这块巧克力的 $\frac{1}{8}$，有的说其中的2块是这块巧克力的 $\frac{1}{4}$，有的说其中的4块是这块巧克力的 $\frac{1}{2}$，还有的说他看出了 $\frac{1}{3}$，他解释说：中间的一条线，是三条线中的 $\frac{1}{3}$（图4-6）。

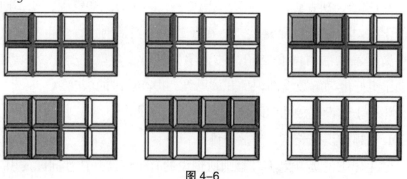

图4-6

这是一个开放性的问题，是一个具有挑战性的问题。在这个开放性的问题情境中，学生从不同的角度观察，得出了不同的分数，这些既表示出了学生对本节课知识掌握的程度，又反映出了学生的创新意识，培养了学生思维的灵活性、独创性。学生不仅仅把一块巧克力当成单位"1"，还能将三条线段当成一个整体看成单位"1"。这个环节的创设，教师的时机把握得非常好，是在学生充分地认识了分数、了解了分数的意义后，创设了这么一个问题情境，抓住了知识的本质和生长点，使学生的思维得到了很好的提升。

2. 巧设合作研讨点，开放思维

建构主义的学习观告诉我们，教学是一种社会性的认识活动，合作研讨对学生的发展有着重要的价值，它能够启迪学生的思维，能够使学生在互相帮助、接纳、赞赏中体验到学习的快乐，分享成功的喜悦。学生只有在不感到压力的情况下，在开放性的问题情境中，才会乐于探究、勇于实践，获得智力与身心的和谐发展。

"可能性"这节课通过具体的活动，帮助学生理解可能、一定、不可能的含义。为了使学生真正理解"可能"的含义，认识生活中的可能性，教师创设了让学生在小组中摸珠子的活动。

研讨问题：每个小组有 5 个黄珠子、5 个绿珠子，想想把它们都放在盒子里，任意摸出一个，会出现什么结果？

监控：究竟是哪种结果呢？我们来摸摸看。

学生小组摸珠。

反馈：摸完的结果与你们预想的结果一样吗？

监控：看来每个组摸出黄珠子和绿珠子的次数虽然不同，但是都出现了两种结果，可能是黄珠子，也可能是绿珠子，为什么会出现这两种结果呢？

从这个案例中可以看到，学生的成功来源于教师所创设的开放性的问题：每个小组有 5 个黄珠子、5 个绿珠子，想想把它们都放在盒子里，任意摸出一个，会出现什么结果？正是在这样有效问题的引领下，学生开展了有效的合作学习。在合作探究、交流中，学生发现、分析、整理出的数学知识，无疑是对思维的一次验证和挑战。这种把抽象的问题具体化，把复杂的问题简明化，将"可能性"这种深奥的数学内容设计成符合这一时期儿童思维特征的开放性的数学活动，充分调动起了学生学习数学的主动性、能动性，有助于发展学生的思维。

（二）课内课外相结合

学生的思维发展离不开学生的实践活动，在活动中有助于提高学生的学习兴趣，通过知识的迁移、拓展和应用，将新旧知识进行合理衔接，形成动态建构的思维过程，促进学生思维的发展。

"确定起跑线"一课，教师设计了以下教学环节，并将课堂教学延伸到课外。

1. 确定研究主题：400 米的比赛怎样确定起跑线？

2. 小组合作设计实施方案

3. 实践设计活动方案

（1）室外实践。

（2）室内研讨交流。

4. 拓展延伸

课后请你思考：200 米、800 米的比赛怎样确定起跑线？更长距离的跑步比赛怎样确定起跑线？为什么这样确定？

在"400 米的比赛怎样确定起跑线"的活动中，学生综合运用已有的知识和生活经验，通过小组合作设计方案、室外实践、室内研讨交流，解决实际问题，并将课内的研究内容延伸到课外，借助拓展延伸环节的问题"怎样确定 200 米、800 米比赛以及更长距离的跑步比赛的起跑线"，促使学生从不同角度对怎样确定起跑线这个问题进行进一步思考，知识间的联系也在这样的迁移、拓展中勾联起来，有助于使学生突破思维定式，从而获得更广阔的发展，这样课堂教学就有了一定的"宽度"。

三、设计有深度的探索活动

深度，顾名思义指的是触及事物本质的深浅程度。设计有深度的探索活动，其目的是调动学生的学习潜力，促使他们深入地思考问题，能从数学知识本源和数学思想方法层面去理解知识的本质，在建构知识的同时，把学生的思维引向深入，从而学会数学的思维。

（一）体现知识本质

儿童数学学习的过程，应该是一个关注认知起点、触摸知识本质、积累思维经验的过程。尊重学生的认知现实、把握核心概念，设计关注数学知识本质的学习活动，才能引领学生进行有深度的学习，实现思维的深度参与。

"小数的单元复习"这节课抓住知识本质，在深入理解 0.1 的意思，应用 0.1 巩固小数含义的基础上，教师设计了下面的学习活动。

1. 提炼引入：今天我们对小数进行了复习。（板书：小数的复习）

（1）这么多小数部分是一位的小数，你觉得谁最重要？（板书 0.1）

（2）怎么都认为 0.1 最重要？

总结：它作为桥梁，沟通了整数、分数、小数的关系，还是我们比较大小、计算、数数等知识的基础。

2. 出示：整数的数位顺序表。

（1）0.1 这么重要，要是把它也放到这个数位表中，它的家应该在哪儿？自己填一填（表 4-1）。

表 4-1

数位	……	万位	千位	百位	十位	个位			
计数单位	……	万	千	百	十	一			
进率	……	×10	×10	×10	×10				

（2）展示学生的想法（表 4-2、表 4-3）。

表 4-2

数位	……	万位	千位	百位	十位	个位			
计数单位	……	万	千	百	十	一	0.1		
进率	……	×10	×10	×10	×10	×10			

表 4-3

数位	……	万位	千位	百位	十位	个位			
计数单位	……	万	千	百	十	一	0.1		
进率	……		÷10	÷10	÷10	÷10	÷10		

监控：你为什么把 0.1 填在这儿？怎么想的？

预设 1：10 个 0.1 就是 1。

预设 2：把 1 平均分成 10 份，每份就是 0.1。

（3）小结：小数点的出现把小数分成了整数部分和小数部分。根据整数部分的位置关系，我们推理到小数，就应该把 0.1 写在这儿。表示几个 0.1 的位置，就是十分位。

（4）提出问题：看到这个表，你觉得对于数，今后可能还会研究点儿什么？或者你还有什么疑问？

小结：这个表确实还没有填完。可以无限累加下去，让数越来越大；也可以无限细分下去，让数越来越小。数的学习真是无头又无尾呀！

通过在提炼中设计问题"这么多小数部分是一位的小数，你觉得谁最重要？""怎么都认为 0.1 最重要？"引领学生"回头看"，触及知识的本质，突出了核心概念"计数单位"的重要性，明晰了"计数单位"在数的认识中的价值，沟通了整数、小数、分数的关系；通过将 0.1 填入数位表中的活动，再次激活了学生的思维，学生在已有经验的基础上，抓住基本概念，寻求内在联系，进行知识的迁移；并借助问题"看到这个表，你觉得对于数，今后可能还会研究点儿什么？或者你还有什么疑问？"继续提升学生的认知深度。在这个过程中抓住了知识的本质，在动态建构的思维过程中，学生的思维也得以培养。

（二）体现数学思想

数学课程的一个重要目标就是让学生感受与领悟数学中蕴含的基本数学思想方法以及重要的数学思维方式。寻找数学知识与数学思想方法的契合点设计有深度的学习活动，才能真正实现"教得有思想，学得有深度"。

"圆的面积"一课，抓住知识的本质，设计有深度的学习活动，渗透极限、转化的思想。

活动一：体会"极限思想"，解决化曲为直的问题

1.我们把圆对折、对折再对折，你有什么发现？

预设：折出的形状很像三角形。

提问：怎么才能让折出的形状更像三角形？

监控：为什么要折这么多份？

2.请你想象一下，如果我们把圆像这样继续无限等分下去，最终会有什么情况发生？

小结：把圆等分的份数越多，其中的一份就越接近三角形，这时，这一小段弧就相当于三角形的底。

3.介绍刘徽的割圆术

活动二：探索圆面积公式，积累数学学习经验

1.提出探究问题：圆的面积怎么求呢？今天我们就一起来研究。请你想办法先研究一下平均分成16等份的圆的面积到底是多少？

2.小组合作探究

3.反馈交流

呈现小组资源：

预设 1：

图 4-7

预设 2：

图 4-8

预设 3：

图 4-9

监控：转化后的图形的各部分与圆有什么联系？面积呢？

本课通过"等分圆"的活动，引发学生不断深入思考，帮助学生解决化曲为直的问题，体会极限的思想。通过"求圆的面积"的活动，学生借助已有的知识经验拼出学过的平面图形，并借助"转化后的图形的各部分与圆有什么联系？面积呢？"这个问题，进一步有意识地沟通新、旧知识的联系，让学生体会到转化思想的妙用，学生的学习也在这个过程中逐步走向深入。

在这样有梯度、有宽度、有深度的探索活动中，学生体验知识的形成过程，构建良好的知识结构，激起思维的火花，对促进理解的学习和培养学生的思维能力起着积极的作用。

第二节　让"质疑"成为学生的思维常态

质疑即"提出疑问"，这是质疑的基本含义。儿童最爱提问题，越小的孩子问题越多。问是思维、想象的开始，小学生能够提出一个一个的问题，就标志着他们在动脑、在想象。

质疑是思维开始的发源地，也是培养学生创新思维能力的源泉。《课标》也明确指出："数学教学活动，特别是课堂教学应激发学生兴趣，调动学生积极性，引发学生的数学思考，鼓励学生的创造性思维。"在学习过程中，学生面对知识内容只有产生疑问时，他们才是真正地在进行思维活动，并不是单纯地接受知识。勇于质疑也是马老师总结的小学生具有创造性学习的兴趣和动力的具体表现之一。

小学阶段，学生的可塑性非常强，在课堂上有意识地培养学生的质疑能力，形成独到的见解，能不断促进学生数学思维的持续深入，促进学生的数学学习，培养学生的创新能力。

一、质疑的现状

本节中的质疑是指学生能够根据有关联的数学信息提出数学问题，能够对不理解的知识进行追问，能够在课堂学习中发现矛盾提出问题，能够根据自己的思考提出和别人不一样的意见，提出独创性的问题。

为了更好地培养学生的质疑能力，我们通过对学生的调研和对教师的课堂观察，了解了学生质疑的现状以及影响学生质疑的教师因素。

（一）学生质疑的现状

1. 不会质疑

其表现可分为以下几个类型：

（1）面对一个问题情境，少部分学生没有提出问题的意识；

（2）面对一个问题情境，少部分学生提出的问题是在重复、叙述题目中的信息；

（3）面对一个问题情境，大部分学生会提出问题，但独创性问题很少。

2. 不敢质疑

学生表示质疑时，教师的态度和同学们的反应会直接影响问题的提出，学生的质疑很容易受环境的影响，不敢提出自己的疑问。

3. 不想质疑

其表现为学生懒于思考，缺乏思考的深度，习惯于教师讲、学生听这样被动接受式的学习。

（二）影响学生质疑的教师因素

1. 教师对质疑能力培养的重要性认识不足

表现1：学生没有质疑的空间。教师讲得太全太细，已经没有问题了。

表现2：学生没有质疑的时间。学生没有时间去思考、提出问题。

2. 教师对课程标准中"四能"的理解存在差异

《课标》将原来的"分析和解决问题"拓展为"发现和提出问题，分析和解决问题"。这一拓展体现了学生"从头到尾"思考问题的路径，强调了对学生问题意识的培养。但教师对"四能"的理解存在差异。

表现1：是否有意识设计让学生提出问题的教学环节。

表现2：是否有意识从"问题"出发，设计相关的练习课，培养学生的问题意识。

二、质疑能力的培养策略

廖德才、张品红在《创新学习与质疑能力的培养》一文中提出：质疑能力是指学生能顺利地提出有价值的问题的个体心理特征。敢于提问、善于提问是其重要标志和表现。重视学生质疑能力的培养，学生质疑的水平才会逐步提高，学生的批判性思维才会逐步发展，但质疑能力的培养是一个循序渐进的过程，我们可以从以下几个方面努力培养学生敢于提问、善于提问的能力，进而培养学生的质疑能力。

（一）创设安全的心理环境

通过长期的课堂观察，我们发现，在和谐、宽松的环境下，学生的思维最活跃。学生只有在感觉到"心理安全"和"心理自由"的条件下，思维才能获得发展。不管是在课堂上，还是在校园里，教师要善于把握学生的心理，给学生创造一个安全的心理环境，让学生有提问的欲望，敢问、想问，为学生的这种求知心理架好桥、铺好路。

1. 创设良好的外部环境

通过在校园里创设"问题吧""问题墙"这样开放性的外部环境，可以营造良好的提问气氛，提问的内容也可以很丰富，不用局限于某一个领域，这样能给不同的学生创造丰富的提问机会。同时，采取这种留言板的形式，给每个学生都提供了提问的可能。

2. 建立和谐的师生关系

学生想问的前提是敢问。通过课堂观察，我们发现，有一部分学生是不敢问，害怕老师、同学对自己提的问题不认可。因此，教师应该建立和谐的师生关系，这就需要教师与学生平等交流，鼓励学生质疑，要以发展的眼光看待每一个学生提出的问题，尊重学生提出的问题，在学生质疑后，教师要给予适时的评价。其实，一个赞许的目光、一个竖起的大拇指，都是对学生质疑的鼓励。我们在这样的氛围下，保住了学生的好奇心，消除了学生的心理障碍，才能积极拓展学生想问、敢问的心理需求。

（二）设计目标指向性清楚的片段课

"授之以鱼，不如授之以渔。"马芯兰老师时常告诉我们在教学中不但要教给学生知识，更要教给学生方法。在教学中，我们通过设计目标指向性清楚的片段课，就是要让学生在想问、敢问的基础上，更要会问，这也是具备质疑能力的重要标志。

1. 模仿提问题

爱模仿是小学生的天性。模仿是学习时心理上的需要，同时它也是教学的必要手段，而学生的质疑问难也是从模仿开始的。

在一年级的片段课"什么是问题"中设计了"我问你答"的游戏环节，在活动中学生在明确"什么是问题"的基础上通过模仿提出问题。

（1）美丽的森林里也藏着许多数学问题呢！那你们能不能根据这幅图自己也提个问题呀？下面我们一起来做个"我问你答"的提问题的游戏吧！（图4-10）

图4-10

（2）在做游戏之前，请同学们看看这幅图，说说都看到什么了？

（3）我现在想邀请一位同学来和我一起做这个游戏，谁来？其他同学要认真看这个游戏怎么玩。

（师生示范做游戏）

师：我们用小鹿情境图来做这个游戏。我来问，你来答，看到一共有6只小鹿，跑了2只小鹿，可以提个什么问题呢？

生：您来问，我来答，看到一共有6只小鹿，跑了2只小鹿，可以提问还剩几只小鹿？（学生贴上小问号）

追问：看明白这个游戏怎么玩了吗？你知道他是怎么想到提这个问题的吗？

（4）请大家也选择其中的一幅情境图来玩这个游戏吧，在玩之前要确定好谁先问、谁先答之后再做游戏，我们开始吧！

在这个游戏环节，首先由教师邀请一名学生一起做游戏，给全班同学进行游戏示范，这样既直观感知了这个游戏的玩法，更重要的是进一步认识了什么是真正的数学问题。在此基础上，学生通过模仿玩游戏、提问题。在这样的活动中，学生清楚了如何把数学问题与数学信息剥离开来，也通过模仿学习了该怎样质疑、提出数学问题。

2.联想提问题

联想是一种既有目的又有方向的想象。在质疑中应用联想的方法，能够促进学生思维的灵活性，对于发展学生的创造性思维，有着十分重要的作用。

下面这个片段课的设计，就在于引导学生通过联想提问题。

这是甲、乙两个超市卖水果的柜台，仔细观察和思考，你能提出哪些数学问题？请尽可能多地写下来（图4-11）。

图 4-11

联想为顾客：

（1）买 2 千克苹果多少元？

（2）我有 30 元钱，想买橙子，大概可以买多少个？

（3）如果超市在当天快关门的时候水果打 7 折，1 千克梨多少元？

（4）甲、乙这两家超市，哪家的水果贵？

（5）综合考虑水果的价钱、质量、路程，妈妈购物要去哪家超市比较合适？

联想为卖家：

（1）1 千克香蕉的进价是 7.8 元，再考虑租金，售价多少元才能赚钱？

（2）我一天一共能赚多少钱？

（3）哪种水果的销量比较好？

联想为超市管理人员：

（1）哪家超市的顾客多？

（2）柜台如何布置才能既美观，又能多引进卖家？

通过设计这样的片段课，学生积极思考，展开丰富的联想。学生可以联想为顾客、卖家或超市的管理人员，通过换位思考，从不同的角度提出问题，对培养学生的创新意识具有重要的作用。

我们还设计了其他有针对性的专项训练课，培养学生的质疑能力，

发展学生的思维。这些课的设计，由于目标指向性清楚，在教学实践中，都收到了较好的效果。（见附录）

（三）教给学生质疑的路径

质疑是学生学习的内驱力，它能使学生的求知欲由潜在状态转入活跃状态。除了设计目标指向性清楚的片段课对学生进行有针对性的训练以外，在日常的课堂教学中，我们也要结合具体的教学内容创设问题情境，鼓励学生质疑，教给学生质疑的路径，使学生掌握质疑的方法，能够自觉地在学中质疑、在质疑中学，从中激发学生的数学思维、创新意识。

1.面临情境或将要学习的内容，鼓励学生自主质疑

比如，学习"百分数的认识"，在出示课题后，教师提问：关于百分数，你想了解哪些内容？在这个问题的引领下，学生独立思考，提出了下面的问题。

（1）什么是百分数？

（2）百分数是谁发明的？

（3）百分数在生活中有什么用？

（4）前面学习的小数和分数可以相互转化，百分数与它们能相互转化吗？

（5）我们学习了小数和分数的性质，那百分数有没有什么性质呢？

……

六年级上册教材的"百分数的认识"，在学习这一内容之前，学生已经学过了分数、小数的相关知识，所以在给出课题、学生思考后，直接围绕课题进行质疑，在质疑中充分调动了学生学习的积极性。在这个过程中，发散学生的思维，培养问题意识，提高质疑能力。

2.在学习完所学内容后，鼓励学生提出进一步想要研究的问题

比如，在学习"长方形、正方形面积计算"后，教师提出问题：

今天我们一起研究了长方形和正方形的面积，如果让你继续研究，你最想研究什么问题？

学生独立思考，提出自己感兴趣的、想继续研究的问题。

（1）我想知道圆的面积怎么计算？

（2）这种数面积单位的方法，计算别的图形的面积时能派上用场吗？

（3）要是有一个长得有点儿奇怪的图形，我们叫不出名字的，想知道它的面积是多少怎么办？

（4）周长和面积有关系吗？比如，周长长的图形，面积一定大吗？

我们可以看出，学生提出的想要研究的问题是经过深入思考的，这样围绕已经学习完的内容进行质疑的活动，不仅能够加深学生对新知识的理解，同时提出的问题对后面知识的学习也起到了很好的铺垫作用，在这样的反思质疑活动中，学生的思维也得以发展。

3. 在解决完一个问题后，鼓励学生提出新的问题或根据给定的模型编写故事或问题

比如，在学习"用乘法解决问题"后，教师给学生两个算式，提出问题：你能根据这两个算式分别编出一个数学小故事吗？请把你编的小故事用图画的形式表示出来。

6×3　　　　　　$6+3$

学生联系生活实际编出了下面的数学小故事（图4-12）。

图4-12

监控：这是哪位同学的作品，快来给我们讲一讲你编的数学小故事吧！

……

通过编故事，我们发现，学生有一双会发现的眼睛，能够看到生活中的很多数学问题，并从不同的方面创编故事，可以培养学生的求异思维能力。在活动中，学生不但真正明白了两个算式的不同含义，加深了对运算意义的理解，而且培养了学生结合生活实际提出问题的能力。

因此，在教学中我们要尊重学生，允许学生发表不同的见解，鼓励学生质疑，并教给学生质疑的方法，让质疑真实地在课堂中发生，从而培养学生的创新能力。

第三节　让"关联"成为学生的意识常态

一、"关联"的内涵及意义

所谓"关联"，是指知识之间的牵连、联系。数学本身知识的内在联系是很紧密的，各部分知识都不是孤立的，而是一个结构严密的整体。数学知识之间的关联，不仅仅包括内容关联，也包括方法关联、思想关联。探寻关联，就是让数学知识进行重组、整合，从而认清事物的内在关联、结构和性质。

独具特色的"给核心概念以核心地位，构建良好的知识结构"的马芯兰数学教育思想，聚焦核心概念，抓住知识间的内在联系，对小学数学知识体系进行了综合、重组，使学生在不断学习新知识的过程中，构建知识结构，形成新的知识系统，促进思维的发展。

二、"关联"意识的培养

要使学生在课堂学习中有深度的体验，注重学生在课堂上的关联体验是有效的途径之一。具体到数学教学中，教师应关注数学知识内部的关联、数学知识与思想方法的关联，突出知识本质、培养学生的关联意识。

（一）在数学知识的内部关联中培养关联意识

数学知识本身有着内在的联系，我们应该遵循这一特点，抓住知识的本质，沟通知识之间的内在联系，有助于学生在新、旧知识之间建立实质性的联系，促进学习的理解，从而培养关联意识。

"分数的简单计算"这节课，抓住"计数单位"沟通分数、整数运算之间的内在联系。

1.对加法计算进行勾联

$\frac{1}{8}+\frac{2}{8}=\frac{3}{8}$　　1个（　）加2个（　）是3个（　）

1+2=3　　1个（　）加2个（　）是3个（　）

10+20=30　　1个（　）加2个（　）是3个（　）

100+200=300　　1个（　）加2个（　）是3个（　）

图4-13

设问：你能根据每道题的计算过程，填出后面的空吗？

仔细观察：你发现这些加法题在计算的过程中有什么共同的地方？

2.对减法计算进行勾联

$\frac{2}{8}-\frac{1}{8}=\frac{1}{8}$　　2个（　）减1个（　）是1个（　）

2-1=1　　2个（　）减1个（　）是1个（　）

20-10=10　　2个（　）减1个（　）是1个（　）

200-100=100　　2个（　）减1个（　）是1个（　）

图4-14

设问：你能根据每道题的计算过程，填出后面的空吗？减法是不是也是那样算的呀？怎样算的？

3. 对比提升

通过观察加法和减法的计算过程，你有什么发现？

小结：不管是加法还是减法，我们刚才所说的那个"什么"，指的是计数单位，计数单位相同，就可以相加减。这也是我们今天学习的分母相同的分数计算的道理。

在这节课中，通过借助题组，沟通知识之间的内在联系，引导学生把新知识纳入旧知识体系的过程中，帮助学生不断完善并建构知识体系。通过在关联中溯本求源，在沟通对比中感悟简单分数加减法运算的本质与整数是一样的，都是相同计数单位的个数相加减，从而达到理解的学习，渗透了联系的观点，培养学生的关联意识。

（二）在数学知识与思想方法的关联中培养关联意识

数学课程的一个重要目标就是让学生感受与领悟数学中蕴含的基本数学思想方法以及重要的数学思维方式。数学思想方法蕴含于数学知识之中，是数学知识的精髓和核心。数学思想方法具有一定的抽象性和概括性。在教学中，关注数学知识与思想方法的关联，有助于学生由形象思维过渡到抽象思维，有助于借助数学思想提升数学知识的内在联系，从而培养学生的关联意识。

"植树问题"在教学中重在对三种模型的理解。支撑植树问题的核心是"一一对应"，学生感受、领悟了其中蕴含的数学思想，达到理解的学习，就能通过关联数学知识和思想方法解决以下与之相关联的问题。

比如，计算时间的问题："如果要计算某人从 2019 年 11 月 23 日到 2019 年 11 月 26 日出差，本次出差一共多少天？"或计算楼层问题："从一层到五层，爬了几层？"

解决这些问题的关键在于抓住"一一对应"的关系，并根据实际情境进行判断。这样，这些表面上看与植树问题无关的内容就建立起了联系，实现了数学知识与思想方法的关联，使学生在灵活解决问题的同时，关联意识得以培养，思维的灵活性、深刻性得以发展。

在学习过程中通过探寻数学知识、数学思想的关联，培养学生的关联意识；通过用数学的思维思考，促进了学习的理解；将培养学生的思维能力落到了实处，促进了学生的可持续发展。

附录：专项训练课

系列活动一

教学内容：什么是问题。

教学目标：

1.通过独立观察、收集信息，知道什么是问题，并且初步学会从数学角度提出问题。

2.在提出问题、解决问题的过程中，逐步养成应用意识，培养发现问题、提出问题的能力，渗透建模思想。

教学准备：小鸟课件、小鸟图、小鹿图、小问号、提问题纸条。

教学环节：

一、以旧引新，体会问号的作用，明确什么是问题

（一）复习一图四式，沟通数量关系

1.谈话引入：春暖花开的季节好美呀，可爱的小鸟们也唱着歌飞来啦！仔细看看下面这幅图（图4-15），说说你从图上能知道些什么。

图4-15

2. 你能根据这幅图中5，2与7之间的关系列个算式吗？

预设：5+2=7

2+5=7

7−2=5

7−5=2

3. 前面学习的知识你们掌握得真好，能结合图说说这四个算式之间有什么关系吗？

预设：把左边的5只小鸟与右边的2只小鸟合并在一起就是7只小鸟；从7只小鸟里去掉左边的5只，剩下的就是右边的2只；去掉右边的2只，剩下的就是左边的5只。

（二）认识问号，明确题目中的问题

1. 快看，这幅图（图4−16）可要发生变化啦！（贴上大括号和小括号）

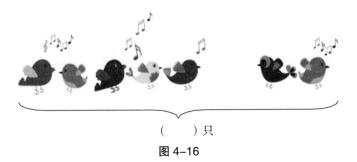

（　　）只

图4−16

2. 它发生了什么变化？谁来说一说。

3. 刚才你们根据图意列出了算式，我根据这幅图的意思也列了算式[出示"5+2=7（只）"]，你们知道我列的这个算式解决的是什么问题吗？

预设：解决的是一共有7只小鸟。

预设：解决的是一共有几只小鸟？

4. 出现了两种想法，你觉得哪种说法是提出来的问题？

预设："一共有几只小鸟？"是提出来的问题。

追问：大家都同意吗？那你从哪儿知道这是一个问题？

5. 多会思考呀！除了我们学过的括号是求的问题，还有一个符号也可以表示要求的问题，那就是这个神奇的小问号（出示小问号），那这个小问号是什么意思呀？

6. 有了这个神奇的小问号的加入，谁能完整地说说我们知道了什么？求的问题是什么？

7. 现在我们知道了原来这个算式解决的是"一共有几只小鸟？"这个问题，这个小问号可真神奇呀，它能给我们提问题！

二、对比勾联，在"给小问号找家"游戏中突出小问号的作用

（一）对比勾联一图四式与带问题图意的关系，进一步体会问号的作用

那我们看看同样是小鸟图，怎么图4-17（1）你们列出了四个算式，而图4-17（2）就只能列出一个算式呢？（图4-17）

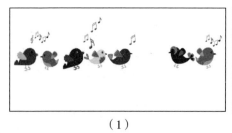

（1）   （2）

图4-17

小结：你看大家多会思考呀！右边这幅图因为有了小问号，它提出的"一共有多少只小鸟？"这个问题，就只能用一个算式来解决了。

（二）在"给小问号找家"的游戏中，初步理解信息与问题之间的关系

大家看小问号的作用多大呀！它可以帮我们提问题。神奇的小问号放在这儿，可以问我们"一共有多少只小鸟？"这个问题，小问号的家还可以在哪儿呢？回到家的小问号又可以给我们提什么问题呢？

现在我们就给神奇的小问号找找家吧!

游戏规则:请你把神奇的小问号放到它的家里,把图 4-18 补充完整,并在图下面写一写提出的问题。

预设 1:小问号的家在左边,求左边有几只小鸟。

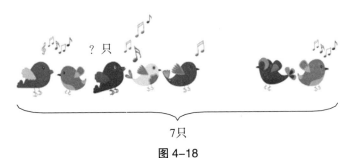

7只

图 4-18

监控:现在这幅图问的是什么问题呀?

你怎么知道这是让我们求的问题呀?

说一说通过这幅图,你知道了什么?问题是什么?

能说一说你是怎么想到提这个问题的吗?

预设 2:小问号的家在右边,求右边有几只小鸟。

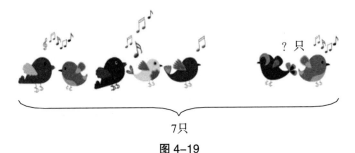

7只

图 4-19

监控:现在这幅图问的是什么问题呀?

你怎么知道这是让我们求的问题呀?

说一说通过这幅图,你知道了什么?问题是什么?

能说一说你是怎么想到提这个问题的吗?

评价：小问号在这幅图里的家都被你们找到了，看来，小问号还真是很神奇，在不同的地方还能问我们不同的问题呢！

三、在"我问你答"游戏中，理解数量之间的关系，强化问题意识

1.大家真是太棒了，不但知道了什么是问题，还能读懂有问题的图意。美丽的森林里也藏着许多数学问题呢！那你们能不能根据这幅图（见图4-10）自己也提个问题呀？下面我们一起来做个"我问你答"的提问题游戏吧！

2.在做游戏之前，请同学们看看这幅图，说说都看到什么了？

评价：你们观察得真全！这幅图是由小鹿、蘑菇、天鹅三个情境图组成的，那大家再仔细看看，每个情境图又都告诉我们什么了？

3.我现在想邀请一位同学来和我一起做这个游戏，谁来？其他同学要认真看这个游戏怎么玩。

举例：

师：我们用小鹿情境图来做这个游戏。我来问，你来答，看到一共有6只小鹿，跑了2只小鹿，可以提个什么问题呢？

生：您来问，我来答，看到一共有6只小鹿，跑了2只小鹿，可以提问还剩几只小鹿？（生贴上小问号）

追问：看明白这个游戏怎么玩了吗？你知道他是怎么想到提这个问题的吗？

4.请大家也选择其中的一幅情境图来玩这个游戏吧，在玩之前要确定好谁先问、谁先答之后再做游戏，我们开始吧！

好了，哪组同学愿意到前面来给大家汇报一下你们是怎样做的呢？

四、课堂小结，回顾提升

1.请同学们看黑板，今天我们学习的是什么内容呀？

2.说说你们都有什么收获。

系列活动二

教学内容：提问题训练课。

教学目标：通过联想，理解并回顾数量关系，发现、提出数学问题，培养发现、提出问题的能力。

教学准备：联想卡、提问卡、补充卡、抢答牌。

教学环节：

一、在联想中，理解、回顾数量关系，为提问做准备

1.情境引入：面包房的叔叔阿姨今天要准备一些水果蛋糕，每个蛋糕上蓝莓的个数是草莓的2倍。看到这句话，你都能想到哪些事？快快记录下来吧！写在联想卡上。

2.出示联想卡，进行组内交流。

3.全班交流。

预设：

生1：蓝莓和草莓比，草莓是1份，蓝莓有这样的2份。

生2：草莓和蓝莓一共有3份。

生3：蓝莓比草莓多1份。

追问：除了份，你们还能想到哪些事？

生4：草莓占蓝莓的 $\frac{1}{2}$。

4.小结：你们真会思考，想到的可真多，通过联想从不同角度理解了这句话的意思。

二、围绕数量关系发现问题、提出问题

1.如果让你们根据这条信息，提出一个数学问题，你觉得可以提什么问题呢？请写在提问卡上。

```
┌─────────────────────────────────────────────┐
│                  提问卡                        │
│                                               │
│   我的问题：                                    │
│                                               │
│                                               │
│   组员的问题：                                   │
│                                               │
│                                               │
│   我喜欢的问题：                                  │
│                                               │
└─────────────────────────────────────────────┘
```

图 4-20

2. 出示提问卡，进行组内交流。

3. 记录组内同学的问题。（记录在"组员的问题"处）

4. 全班交流，记录你喜欢的问题。（记录在"我喜欢的问题"处）

预设：

生 1：草莓有多少个？

生 2：蓝莓有多少个？

生 3：蓝莓和草莓一共有多少个？

生 4：蓝莓比草莓多多少个？

生 5：草莓比蓝莓少多少个？

监控：你是怎么想到提这个问题的？

三、游戏中体会信息与问题的关系，提出问题

（一）根据要解决的问题补充信息

1. 多爱思考呀！提出了这么多问题，那我们就来解决这些问题吧。

预设：解决不了，我们缺少信息。

追问：那怎么办呢？

预设：我们可以自己补充信息。

2. 敢不敢尝试一下？那你们就选择要解决的问题，自己补充一下信息吧！（请写在补充卡上）

3. 汇报交流：说说你补充的信息是什么？要解决的问题是什么？

（二）游戏中根据信息提出问题

1. 好，接下来我们一起来做游戏，看看谁是获胜者。

游戏一：组内对对碰。一名同学说出自己补充的信息，其他组员根据已知信息及补充信息提出能够解决的问题，想好后举抢答牌，速度最快且问题正确者获胜。

游戏二：班级对对碰。每组推荐一名同学参加班级对对碰，决出最后获胜者。

2. 回头看：想要快速、准确地提出问题，你们有什么妙招吗？

四、小结

通过今天的学习，你有什么收获？

系列活动三

教学内容：玩中提问题（学会提问题）。

教学目标：在 2 块、4 块拼接图形的拼摆活动中，训练学生运用迁移、联想提出问题。

教学准备："智方翻翻乐"玩具、问题条、学习单。

教学环节：

一、了解规则，用 2 块拼摆图形，引导学生提出问题

1. 谈话引入：同学们，这个玩具（图 4-21）的名字叫作"智方翻翻乐"，通过它的名字，你能想到什么？

图 4-21

预设 1：通过"方"，可以知道这个玩具是方的。

预设 2：通过"翻"，可以知道这个玩具是能翻的。

预设 3：通过"智"，可以知道这个玩具需要智力，要思考。

预设 4：通过"乐"，可以知道它能给我们带来快乐。

2. 确实像你们说的这样，这个神奇的玩具确实需要我们思考，我

们要用它来拼规则图形，你们知道什么样的是规则图形吗？

预设：正方形、长方形、三角形、圆形、平行四边形、梯形。

评价：你们知道的还真不少，我们就是要拼这些规则图形。

3. 请你拿出其中的 2 块拼规则图形，把你拼出来的图形记录下来（图 4-22）。

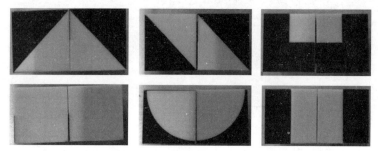

图 4-22

4. 我们用 2 块拼出了这么多的图形，通过刚才的拼摆，你能提出一些值得大家思考的问题吗？

预设：用 2 块能拼出 6 种图形。

追问：对于他提出的这个，你们有什么想说的吗？

预设：他说的不是问题，应该改成"用 2 块能拼出几种图形？"

评价：是呀，我们提问题要有疑问词，通过刚才他给我们的提示，你还能想到其他问题吗？

预设：用 4 块能拼出什么图形？

评价：你看他多会联想啊！通过用 2 块拼图形，他想到了 4 块能拼出什么图形，这就叫会思考、会提问！听了他的问题，你能接着往下想，再提个问题吗？

预设：用 6 块能拼出什么图形？

用 8 块能拼出什么图形？

......

5. 多会学习啊！我们还能提出更多这样的问题，再来想想，我们用 2 个小长方形能拼出正方形，还能拼出长方形，你能想到什么问题吗？

预设：用2个小长方形还能拼出什么图形？

评价：多会思考啊！通过小长方形能拼成长方形、正方形，他就能想到提出更多的问题，你能继续往下想，提出其他的问题吗？

预设：用三角形都能拼出什么图形？

用正方形都能拼出什么图形？

用2个小长方形能拼出几种图形？

评价：同学们太棒了，我们通过拼摆提出问题，通过一个问题又引发了这么多的问题，相信你们还能想到更多不一样的问题呢！

二、用4块拼摆图形，借助2块提问经验提出新问题

1.刚才我们用2块拼摆规则图形，还提出了这么多问题，接下来我们用4块拼一拼，把你拼出的图形记录下来。

预设：

图4-23

2.我们用4块也拼出了很多图形，想一想，通过刚才的拼摆，你能提出什么问题呢？

预设：为什么 4 块拼出的图形比 2 块少？

追问：你是怎么想到这个问题的？

预设：我们用 2 块拼出了这么多图形，但是 4 块拼不出三角形，拼出来的图形比 2 块拼出来的少。

评价：他把分别用 2 块、4 块拼出来的图形进行了对比，从"为什么"的角度提出了这个问题，你呢？

预设：为什么 4 块拼不成三角形？

追问：你怎么想到这个问题的？

3. 他们都从"为什么"的角度提出了问题，接着往下想，你还能提出什么问题？

预设：为什么可以拼出形状一样、大小不一样的图形？

追问：还能从其他角度提出问题吗？

预设：用 4 块能拼出几种长方形？

4 块一共能拼出多少种图形？

4 块能拼出半圆吗？

4 块拼出来面积最小的直角梯形怎么摆？

三、梳理分类

1. 刚才我们提出了这么多的问题，能给黑板上的这些问题分分类吗？

预设：2 块提出的问题分一类，4 块提出的问题分一类。

这些有"为什么"的分一类，没有"为什么"的分一类。

2. 当我们问"为什么"的时候，是想知道原因是什么，没有"为什么"的这一类只要知道结果是什么。

3. 通过今天的学习，你有什么收获？

系列活动四

教学内容：问题来了怎么办（学会提问题）。

教学目标：在问题分类的过程中，学会提问题的思考角度，在思维导图中扩展提问题的好经验。

教学准备:

教具:PPT、可以移动的问题、1支红色白板笔。

学具:问题打在纸上标号,学习单。

教学环节:

一、回忆问题

1.谈话引入:同学们,你们在刚才的短片里看到自己了吗?我们用玩具"智方翻翻乐"拼出了很多图形,我们一起再来看看(图4-24)。

图4-24

还提出了很多有意思的问题呢,看看(图4-25)。

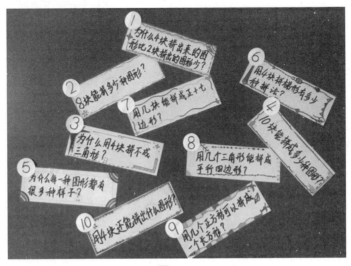

图4-25

2. 在这么多问题里，我们先来看看这个问题（为什么 4 块拼不出三角形？），给大家说说你是怎么想出这个问题的？

预设：我用 2 块、3 块都拼出了三角形，可是 4 块怎么也拼不成三角形，所以我就想知道为什么 4 块拼不成三角形。

评价：根据拼不成三角形的困惑，从为什么的角度提出了这个问题，他特别想知道这背后的原因。

3. 再来看看这个问题（8 块能拼成多少种图形？），给大家说说你是怎么想出这个问题的。

评价：多会思考啊！他通过 2 块、4 块的拼摆经验，现在想知道 8 块到底能拼成多少种图形，特别想知道结果。

二、在分类中学习提问题的角度

谈话：那这么多问题，问题来了，怎么办啊？

（一）按指令分类

1. 这么多问题，就这么放着啊？（图 4-25）

2. 大家都想到了分类，今天我们就来把这些问题分分类，看看同学们都提出了哪些类的问题，这些对你提问有没有新的启发。（板书：分类、提问新启发）

3. 咱们一起先来做个闯关游戏，游戏的名称叫：我说你动。

我给同学们带来了我们班同学的分类标准，敢不敢迎接挑战？

（录音播放：请同学们按照原因类和结果类分一分。）

追问：谁听明白了？

4. 每个组都藏着一个问题，就在你们的位子上，拿出来讨论一下，快来把它们送回家。

5. 反馈。

监控：

（1）先自己小声读读，判断一下它们的家都送对了吗？

（2）这是哪个组的？说说你们组是怎么判断它的家在哪儿的？

（3）他找到了一个关键词"为什么"，看来可以用"为什么"来提问。

6.小结：你看看，多会学习啊！根据"为什么"就能知道它是原因类，根据"是什么"就能知道它是结果类。以后再提问的时候，我们就可以从原因和结果的角度来提问。

（二）自己制定标准分类

1.我们再来看看结果类的问题，太多了，敢不敢接受一个更难的挑战？

[PPT出示，闯关游戏二：你说你动。]

游戏规则：

（1）定标准：以小组为单位，自己定个标准给结果类问题分分类。

（2）起名字：给问题家起个名字。

（这回是要你们自己说了算，自己定个标准，再给你们的问题家起个名字。）

问题就藏在你们的信封里，准备好了吗？5分钟，开始。

2.反馈

监控：

（1）哪组愿意到前面来给大家说说？你们组是怎么分类的，起的什么名字？（图4-26）

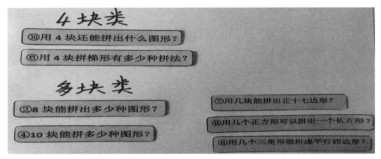

图4-26

（2）听懂他们组是按照什么分类了吗？什么类？

小结：我们拼的是4块，但这些小朋友想到了更多块，看来将来我们还可以从更多的数量角度来提问题。（板书：数量）

（3）还有跟他们不一样的分类吗？对于他们组的分类，你有什么问题想问问他们吗？

（4）通过他们的分类，对你提问题有什么新的启发吗？

引导：哪类问题是你以前没想到的？还有吗？那以后我们是不是就可以按照这样的分类提问题了？

3.刚才同学们都用自己的标准分了类，现在你能提个新问题了吗？

三、总结回顾

通过今天的学习，那问题来了怎么办呢？我们可以把它们分分类，以后再提问的时候，可以从这些角度去提问，还可以从哪些不一样的角度去提问呢？

我们今天的这个活动就到这儿。

系列活动五

教学内容：联想产生新问题（学会提问题）。

教学目标：在分类的基础上，联系数学知识，寻找提问题的新角度。

教学准备：PPT、问题条、"智方翻翻乐"玩具、抢答牌。

教学环节：

一、回顾问题及分类

1.出示上节课的板书（图4-27）。

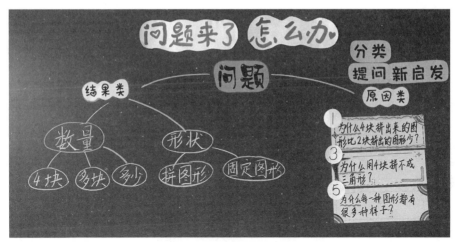

图 4-27

谈话引入：同学们，还记得上次的活动问题来了怎么办吗？

预设：我们要给问题分类。

2.是呀，通过我们的共同努力，我们分出了这么多类，还想出了很多新的问题呢。

3.谁来说说你想出来的问题。

预设 1：每次增加一块，拼出来的图形有没有规律？

预设 2：如果有规律的话，那增加 1 块是不是会增加 2 个或者 3 个图形？

4.评价：多会思考啊，通过分类，他找到了新的角度，从关系的角度提问，就这么一启发、一联想，这位同学又从猜想的角度提出了新问题。

二、联想数学知识，提出新问题

1.通过他们的启发，你能不能想出新的角度，提出新的问题呢？

2.好，那我们来做下一个游戏：新角度、新问题。

游戏规则：

（1）小组合作，根据我们用 4 块拼出来的图形，你还能想到哪些

提问的新角度。（可借助手中的翻翻乐再去摆一摆）

（2）每一个新角度要提出一个新问题。

（3）游戏时间：7分钟。

3.反馈交流。

预设：

面积：用4块拼出来的圆形的面积怎么求？（图4-28）

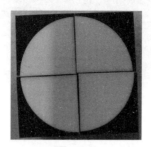

图4-28

周长：用4块拼出来的正方形的周长是多少？（图4-29）

图4-29

分数：用4块拼出来的这个正方形面积是4块大正方形面积的几分之几？

小数：如果把4块大正方形平均分成10份，那白色部分用小数怎么表示？

体积：4块正方体拼出来的体积怎么求？

其他：如果也可以拼不规则图形，那4块能拼出多少种可能？

如果用一盒，能拼出多少种图形？

在拼出的所有图形中，拼出的正方形会更多吗？

4.通过刚才同学们的思考，我们又想出来了这么多提问题的角度，刚才在反馈的时候，我还听到了有"哇"的声音，这是为什么？

预设：因为他想到了小数的角度，是我没有想到的。

5.看看，你们不仅会思考，还很会学习，别人提问题的角度是你没有想到的，对你有没有什么启发呢？

（通过交流，引发联想，可以给出时间再去思考提问题的新角度。）

三、总结回顾

1.通过刚才我们的游戏，你有什么收获吗？

预设 1：我们找到了很多提问题的新角度。

预设 2：我还可以从别人提问题的角度想到新的提问题的角度。

预设 3：我会提问题了。

2.是啊，通过这样的活动，相信你一定越来越会找提问题的角度，越来越会提问题，我们今天的活动就到这儿。

通过以上的专项训练活动，我们能够明显地看出学生发现与提出问题能力的提升，学生的思维就像是一棵大树找到了根会沿着主干继续生长，而在生长的过程中会出现越来越多的枝干。在系列活动四的结尾，这棵大树已经枝繁叶茂，以问题为结尾的课堂留给了学生很多悬念，学生在活动后也思考了很多新问题，为系列活动五打下了很好的基础。在系列活动五中，学生的思维得到了更大范围的拓展，不仅提出了很多与数学有关的问题，更提出了很多与生活、科学密切相关的实际问题。这样的培养有利于学生创造能力的提升，也为学生打开了一扇前所未有的大门。学生在不知不觉中，体验到了问题意识给他们的学习带来的乐趣，逐渐形成了反思自己的想法和质疑他人见解的习惯。

第五章　基于整体把握下的数学案例分析

　　小学数学是一门系统性很强的学科，其内容都是由一些结构严密、体系相对完善的数学知识系统构成的。因此，我们在教学时应从教材的整体着眼，注意寻求教材内容的内在联系，把握这种内在联系所构成的数学知识结构，把教材的知识结构内化为学生自己的认知结构，以实现举一反三、触类旁通。正如美国心理学家布鲁纳所说："不论我们选教什么学科，务必使学生理解该学科的基本结构，教学与其说是单纯掌握事实和技巧，不如说是教授和学习结构。"

　　长期以来，在小学数学教学中存在着这样一种现象：学生对单项知识一般都掌握得很好，但综合在一起要解决某些比较复杂的数学问题时，学生就感到困难，甚至不知如何下手。为什么会产生这种现象呢？其中一个重要原因就是在教学中没有从根本上解决好整体把握和局部认识之间的矛盾，学生所掌握的知识大都是一些"散装"的内容，没有形成结构化的知识体系，即没有实现数学知识的整体把握和广泛迁移。由此可见：数学知识的整体把握和局部认识之间的矛盾不仅客观存在于小学数学教学过程之中，而且还强烈地影响着学生的数学学习效果。因此就要求我们在教学上要着眼于整体，要从整体上把握教材，找准数学知识的共同特点和规律，挖掘知识间纵横交错的内在联系，帮助学生形成良好的知识结构。

第一节　基于数学核心概念的案例分析

核心概念是指引导知识迁移，可以反映事物一般的、本质的思维形式，在学科概念中居于核心地位、起主导作用的概念。

数学知识本身是内在联系紧密、结构严密的整体。在数学教学中，我们应注意以最基本的、起关键作用的概念为核心来组建知识结构。所谓知识结构是指把大量的知识就其内在联系而组织起来的方式。最基本、最重要的概念是指那些在知识结构中最关键、最具有普遍意义和适应性（概括性）最强的概念。例如，"和"的概念，"同样多"的概念，"数位"和"计数单位"的概念等。

"给核心概念以核心地位，构建良好的知识结构"是马芯兰数学教育思想的具体体现。她指出：引导学生认识数学基本结构的有效方法是给最基本、最重要的概念以中心地位，在理解、运用、深化概念的过程中，学习有关新的概念，不断发展和完善学生的认知结构。实践证明，以最基本的概念为核心不断探索有关知识而建立起来的认知结构，纲目清楚、主次分明。这样以概念为主线形成的知识网络，便于学生深入理解、记忆，便于学生再学习。

基于马芯兰数学教育思想，我们的研究从"整体把握"的视角，确立了"核心概念"主题式的系列教学案例，整体建构知识体系的同时，培养学生的关键能力。本节内容，将围绕"和"（包含"同样多、差"）、"份、几个几"（包含"倍、分数"）、"数位、计数单位、进率"三组核心概念展开案例分析。

一、"和"概念案例系列

"和"的概念是学习加、减、乘、除法意义和法则的基础，是和、差、积、商概念之间联系的核心，因此，"和"与小学数学知识有着广泛的联系。加强"和"概念的研究对于从整体把握教材，抓住、抓准知识之间的内在联系，提高教学效率，挖掘知识中能力培养的因素，更好地实现数学学科对学生逻辑思维能力的培养具有非常重要的意义。“和”的概念的实质体现了“整体与部分”的关系，通过“和”的概念及整体与部分关系的相互渗透，突出“和”在教材中的中心地位。

案例一

“加法的初步认识”片段

加法是学生数学学习过程中接触的第一种数量关系，是“和”概念的具体体现。在“加法的初步认识”这节课中，教师抓住体现加法内涵的“合并”，借助整体与部分的关系，通过动作表征、视觉表征以及言语表征帮助学生理解加法的含义；通过从具体到抽象再到具体的“来去”过程，帮助学生建立加法的概念，为“和”概念的渗透打下了坚实的基础。

【案例描述】

上课伊始，教师出示了两幅图（图 5-1）。

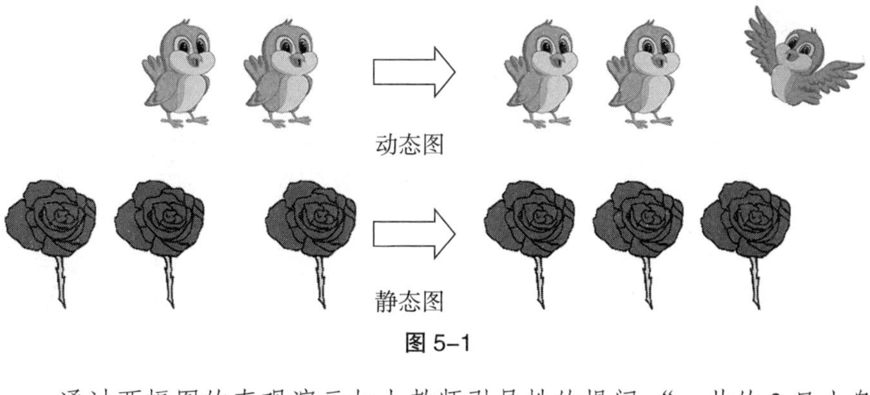

图 5-1

通过两幅图的直观演示加上教师引导性的提问：“一共的 3 只小鸟是由哪两部分合并起来的？一共的 3 朵花是由哪两部分合并起来的？”帮助学生先从形态上感受加法说的是两部分合并起来的事情。之后教师创设了“摆一摆”的活动：你们能用手中的圆片，把上面两幅图所表达的意思表示出来吗？请学生说说自己所摆的图的意思（图 5-2）。

生1：　　　　　　　　　　生2：

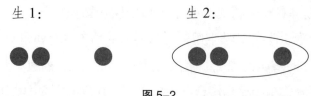

图 5-2

生1：左边的2个圆片表示本来有的2只小鸟，右边的1个圆片表示飞来的1只小鸟，一共有3个圆片表示一共的3只小鸟。

生2：左边的2个圆片表示2朵花，右边的1个圆片表示1朵花，大圆圈表示把这两部分合并在一起就是一共的3朵花。

在此基础上，教师适时揭示了加法的含义：像这样把两部分合并起来，求一共是多少的时候，我们就用加法计算。并引导学生列出了加法算式：2+1=3。

教师追问1：算式里面的2是什么意思？1呢？3呢？这个算式是什么意思？

教师追问2：2+1=3这个算式还可以表示我们生活中的什么事？你能举个例子讲讲吗？

……

【案例分析】

加法是四则运算之一，它是指将两个数、量合起来，变成一个数、量的计算，其核心词是"合并"。教学中，教师抓住"合并"这个核心词带领学生经历了加法不断建构的过程。

首先，教师通过小鸟动图和小花静图的形式从增加和聚合两个方面让学生感受加法的内涵"合并"，揭示加法的现实意义，并引导学生用整体和部分进行表达，为理解加法的含义，建立加法模型，做好直观认识上的铺垫，这个直观认识丰富且全面。其次，教师引导学生用半抽象的点子图表达这两幅图的共同特征，在亲自表达"合并"中体会加法的意思，实现从具体到半抽象的演变，完成建立加法模型的第二步。再次，教师引导学生用加法算式表达把两部分合并起来得到整体，从点子图到算式，学生进行了第二次抽象，迈出了建立加法模型的第三步。最后，根据抽象的加法算式引导学生进行想象：2+1=3 还可以表示生活中的什么事情？回归生活现实，用语言再次体会加法表达的意思，从抽象回到具体，学生完成了建立加法模型的第四步。由此，加法的概念在学生的心中"立"了起来，"和"的概念也在学生的心中有了"表象"。

案例二

"同样多"片段

"同样多"是理解和掌握大小数意义、关系，乘法意义等知识的基础，这个概念是在一年级学习"比多少"时建立起来的。两个数进行比较，比较的结果相等，就说明这两个数同样多；比较的结果不相等，就说明这两个数不同样多。

【案例描述】

图 5-3

上课伊始，教师出示了一幅生动有趣的情境图（图 5-3），学生提取信息后，教师进行了提问：图中的小兔是怎么搬砖的，你能画幅图表示出来吗？画的时候，可以用圆形表示兔子，用三角形表示砖。

之后，教师选择了两幅有代表性的图贴在黑板上（图 5-4），并请学生们说说这两幅图是怎么表示出小兔搬砖的。

生 1：   生 2：

   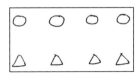

图 5-4

生1：1个圆圈1个三角形，1个圆圈1个三角形……有4只兔子，我就画了4个圆圈，有4块砖，我就画了4个三角形。

生2：我也是这样想的，每只兔子都搬1块砖，有4只兔子就搬了4块砖。

此时，教师根据学生的回答，非常自然地用虚线进行了勾画，把学生的意思外显了出来，并进行了追问：兔子的数量和砖的数量进行比较，说说你发现了什么？（图5-5）

生1：

生2：
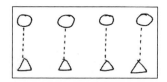

图 5-5

生1：兔子和砖一样多。

生2：有4只兔子，有4块砖，它们是一边多的。

生3：兔子和砖是相等的。

面对学生的发现，教师适时地进行了小结：兔子的数量和砖的数量进行比较，正如同学们发现的那样，它们的数量是一样多的、一边多的、相等的，"一样多""一边多""相等"还可以说成"同样多"，请同学们用"同样多"来说说小兔的数量和砖的数量的关系。到此，教师并没有结束，而是继续追问：你是怎么知道兔子的数量和砖的数量同样多的？

生1：您看1只兔子搬1块砖，1只兔子搬1块砖，4只兔子搬4块砖。

生2：1只兔子对着1块砖，砖没有多出来。

生3：4只兔子，4块砖，都没有多余的。

……

学生通过观察作品发现：1只兔子对着1块砖，没有多余的兔子，也没有多余的砖。这时教师板书"一一对应"，同时介绍：1只兔子对着1块砖，没有多余的兔子，也没有多余的砖，我们就说4只兔子和4块砖同样多。至此，"同样多"的概念在学生头脑中建立起来。

【案例分析】

"同样多"的概念其实不难理解，但如何让学生感悟它是用来表达两个数量之间比较关系的，并能用数学语言去叙述，对于刚入学没有几天的学生来说不是一件容易的事情。

教学中，教师没有生硬地把"同样多"的概念给学生，而是设计了多样化的活动帮助学生去理解。比如，通过"画一画"的活动，感受有几只兔子就搬几块砖。在学生语言描述中，教师通过虚线勾画，把学生的意思清晰表达出来的同时，也渗透了一一对应的思想；通过"比一比"的活动，借助学生的生活语言，揭示、理解"同样多"的概念：两个数量比较，一个对一个，都没有多出来的；在学生学会用数学语言"同样多"叙述两个数量的比较关系时，教师紧追不舍，刨根问底，引导学生说清缘由。学生就是在这样多样化的活动中将"同样多"的概念扎实地立在了心里。

案例三

"解决问题复习课"片段

马芯兰老师在教学中特别重视"和"的概念，她认为"和"概念的本质就是数量上整体与部分的关系。一年级"解决问题复习课"，就是借助整体与部分的关系，在语言、图画等多种表征途径下，揭示"和"的概念。通过求整体和求部分两类问题的对比辨析，加深对"和"概念的理解，从而发展学生分析、解决问题的能力。

【案例描述】

上课伊始，教师先带着学生们梳理本册教材中所有的"解决问题"例题，学生在教师的引导下根据每道题知道了什么，求什么，将这些"解决问题"分成两类：求整体，求部分。随后，教师提出了挑战性的问题：那你们能像书中那样编出求整体和求部分的问题吗？用你们喜欢的方式表达出来。学生们很快就表达出了自己心目中的问题（图 5-6）。

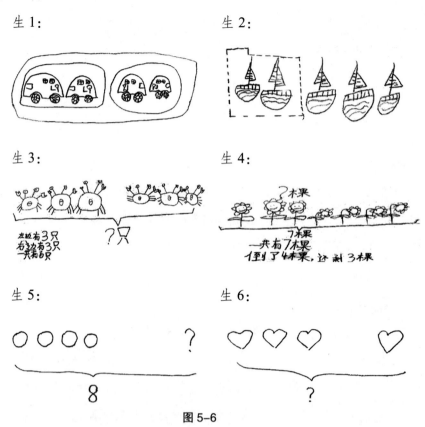

图 5-6

在学生们说清楚自己所编的问题的基础上，教师又创设了辨析的情境，让学生按照求整体和求部分把这些问题分类，学生们很娴熟地进行了分类（图 5-7）。

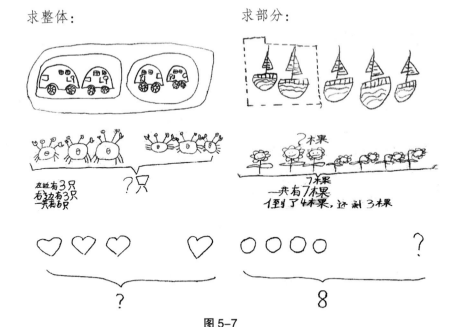

图 5-7

面对学生分成的两类，教师的教学过程如下：

师：你怎么知道它们是求整体的？

生1：因为它们都是求一共有多少，也就是把两部分合并起来。

生2：因为它们都是把两部分合并在一起就是求整体。

生3：因为大括号下面有问号，这个表示合并，所以这几道题都是求整体的。

师：你怎么知道它们是求一部分的？

生1：因为它们的小问号在大括号上面，要求这部分就是从整体中去掉另一部分。

生2：因为知道一共，还知道上面的一部分，剩下的就是求另一部分。

通过分类活动，学生对于整体与部分的关系有了进一步认识。在此基础上，教师进行了小结：通过刚才的活动，我们知道了求整体就要把两部分合并起来，用加法来解决；求部分就要从整体中去掉另一部分，用减法来解决。

【案例分析】

教材学习的都是用加减法来解决的问题，教师在帮助学生对此类问题进行梳理、沟通时，紧紧抓住了此类问题的数量关系——整体与部分，来帮助学生理解"和"的概念，提升认识。课伊始，教师带领学生梳理书上的问题，通过对问题所呈现的信息与问题之间关系的初步感知，引导学生将学过的问题按照结果分成两类：求整体，求部分，从数量关系的角度对学过的解决问题进行了初步的梳理、沟通；在此基础上，教师通过让学生编求整体、求部分的问题的活动，将"和"的概念内化成对整体与部分关系的理解；随后，教师又一次创设了辨析、分类的活动，在"你怎么知道它们是求整体的？你怎么知道它们是求一部分的？"这样直接理解数量关系本质问题的引领下，再一次深化了以"和"的概念为核心的整体与部分关系的理解，使学生的思维逐步走向深刻。

二、"份"概念案例系列

"份"的概念是乘除知识、倍的知识、分数知识、比和比例知识及解答一些较复杂的分数问题的基础。从二年级乘法意义的认识开始建立"份"的概念，在学习后续有关知识时，如"倍"的概念、"分数"的概念、"比"的概念，都是把"份"放在核心地位，让学生不断理解、运用、深化、综合运用。

数学家华罗庚说："善于退，退到最原始的而不失重要性的地方，是学好数学的一个诀窍。"在教学有关乘除知识、解决较难的数学问题时，如果能退到最原始的"份"的概念的理解上来，学生不仅学起来容易，而且可以拓展思路。这样，以最基本的概念为核心组建学生的认知结构，便于学生学习的迁移、运用和记忆，而且使学生学得积极主动。

案例一

"平均分"片段

在分物活动中，进行公平的分配，即每份同样多就是平均分。它对后续的除法相关知识的学习起着铺垫、承接的作用。所以，让学生建立平均分的概念，对平均分有一个深入透彻的理解就显得尤为重要。在教学二年级"平均分"时，教师就通过"分糖果"的活动，抓住"每份""同样多"的概念，使学生在动手操作中不断思考、感悟，真正建立起了平均分的概念。

【案例描述】

在课堂上，学生了解到生活中分东西有两种情况：一种是分得的每一份的数量都同样多，另一种是分得的每一份的数量不同样多，教师创设了分一分的活动。

片段一：分8块糖，建立平均分的表象

师：8块糖分给2个小朋友，要使每个小朋友分得同样多，试一试怎样分。（图5-8）

图5-8

之后，教师反馈了学生们分的结果，并进行了追问：每人分到的糖同样多吗？（图5-9）你是怎么知道的？

图5-9

生1：他们是同样多的，因为结果都是每人分到4块糖。

生2：他们每人都是4块，分得同样多。

师：谁愿意到前面边摆边说说是怎么做到分得同样多的。

生1：8块糖分给2人，那每人就是4块，我每次拿4块。

生2：我先给每人2块，再给每人2块，每人是4块。

生3：我是这样分的，我先拿2块，给每人各1块，再拿2块，每人各1块……每人都得到了4块糖。

这时教师适时小结：大家看，同学们的分法不同，但分得的结果是每个小朋友都分得了4块，也就是每份分得的结果同样多，这样的分法就叫作平均分。

片段二：分10块糖，深化平均分的概念

师：现在有10块糖要分给小朋友，要求平均分，试一试可以怎样分？（图5-10）

图5-10

教师展示了学生的分法。

生1：

图5-11

生2：

图5-12

生3：

图5-13

师：仔细观察，这三种分法都是平均分吗？你是怎么知道的？

生1：都是平均分，第一种每人1块，第二种每人5块，第三种每人2块，都是同样多的，是平均分。

生2：都是平均分，每种分法，每人分得同样多。

师：都是分这10块糖，虽然大家分给的小朋友的人数不同，但是都做到了每个小朋友分得的结果同样多，也就是每份分得的结果同样多，我们就说是平均分。

【案例分析】

平均分，就其本质来说它表达的是"份份同样多"。教学中，为了让学生真正理解平均分的本质，教师通过分物活动，紧紧抓住组成"平均分"概念的本质要素——"每份"和"同样多"，帮助学生逐步建构"平均分"的概念。

"平均分"概念的第一次建构，是从8块糖分给2个小朋友开始的，通过教师问题的撬动：要使每个小朋友分得同样多，试一试怎样分？其目的是让学生在分糖的过程中建立起平均分的表象：每份同样多。

"平均分"概念的第二次建构，是让学生平均分10块糖。这是一个开放性的活动，分给几个人，每人分几块，教师都没有做出要求，只要做到平均分就行。我们说外在形式变化越大越有利于提升学生的思维能力和自主学习能力。学生在"任意"分糖活动中，再次感受：每份同样多。

理解其实就是"一种直观感受"。教师在教学中注重学生的直观感受，在两次动手分的基础上，不仅让学生对分的过程有了足够的感知，而且引导学生对操作结果的共同属性进行抽象概括，抽象出"平均分"这个概念的本质属性：每份同样多。

案例二

"份的认识"片段

"份"概念的产生源于分物活动,当分得的结果同样多时就可以用"每份和几份"来表示。乘除知识、倍的知识、分数知识、比和比例知识等,都是以"份"的概念为支撑进行学习的,但是教材对于"份"的编排并没有像加法、乘法、除法等概念那样,用例题的形式或其他显性的方式呈现出来。为了使"份"的概念"立"在学生心里,让学生在今后的学习中,能够用核心概念"份"去建立新概念、解决新问题,我们在二年级专门设计了"份的认识"一课。课堂上,教师借助游乐园场景图,通过对游乐项目参与人数的观察和描述,借助圈画的外显形式,帮助学生建立起"每份"与"几份"的概念。

【案例描述】

上课伊始,教师出示了学生喜闻乐见的游乐园场景(图 5-14),让学生围绕自己喜欢的游乐项目说说都看见了什么,并进行了如下的追问。

图 5-14

(1)小飞机每架坐 3 人是什么意思,指图说说。

小火车每节坐 6 人是什么意思,指图说说。

过山车每排坐 2 人是什么意思,指图说说。

这时教师一边听学生回答,一边结合学生的发言进行圈画。

(2)过山车每一排都坐 2 人,我们还可以说每份是 2 人。快来说一说过山车每份是几?它表示什么意思?

（3）过山车每份是2，那有这样的几份呢？

（4）观察过山车图，谁能完整地用每份是几和有这样的几份来说说？

（5）谁能说说小飞机图、小火车图，每份是几？有这样的几份？

（6）小结：刚才我们通过游乐场图，知道了当每份都相同时，就可以说成每份是几，还知道了有这样的几份。

【案例分析】

马芯兰老师常说，小学数学中关于"份"这个概念无论怎么重视都不为过，因为它是学习乘除知识、分数知识、比和比例知识的基础，这个概念要紧抓不放。

在建立"份"概念的过程中，对"每份"的认识是关键。教师从"每架坐3人""每节坐6人""每排坐2人"这些关键句的意思切入，通过对这些关键句的理解，比如"每排坐2人"，当学生们说出："有1排就坐2人，有1排就坐2人，排排都坐2人"时，教师顺势圈画、点拨："每一排都坐2人，我们还可以说成每份是2人"，由此巧妙地引导学生认识了"每份"的概念。在此基础上，教师借助图画可视性的特点，引导学生观察、交流"每份是2人，那有这样的几份？"由此认识了"几份"的概念。在教师精心设计的问题引领下，"每份""几份"及它们之间的联系就此"立"在了学生的心中。

良好的数学知识结构的形成，是以核心概念为基点的，而"份"的概念恰恰起着这样的作用，它是学生迁移解决新问题、建立新概念的基础，也是学生思维生长的基础，所以怎么重视都不为过。

案例三

"认识乘法"片段

乘法是求几个相同加数和的简便运算，其实质是"几个几"。有几个相同加数，也就是有几个这样一份一份的数。以"份"的概念为核心，通过抓"份"的概念，借助具体的情境，将一份和相同的几份与相同加数、有几个相同加数有机联系在一起，最终落实到"几个几"这一意义上，这是我们建立乘法意义的初衷。

【案例描述】

本节课，教师创设了学生熟悉的生活情境，利用学生的一双小手开启学习活动。

师：我们每个人都有 2 只灵巧的小手，1 只手有几根手指？

生 1：1 只手有 5 根手指。

生 2：我们每只手都有 5 根手指。

师：我们每只手都有 5 根手指，还可以怎么说？

生 1：每只手都有 5 根手指，还可以说成每份是 5。

生 2：有 5 根手指，就可以看成 1 份。

师：我们把 5 根手指看成了 1 份，1 份就是 1 个 5。那这 2 只手呢，我们可以看成是几份，是几个几？

生：2 只手就是 2 份，是 2 个 5。

师：举起你的一双小手看看，是不是 2 个 5，一共有几根手指？能列个算式吗？

生异口同声地说出了算式：5+5=10。

师：那要求 4 只手一共有几根手指，谁能列个算式？

生：5+5+5+5=20。

师：那要求 10 只手一共有几根手指呢？

生 1：5+5+5+5+…

生 2：您写出 10 个 5 加在一起就行了。

教师追问：他说写出 10 个 5 加在一起就行了，谁知道他是怎么想的？

生 1：每只手都是 5 根手指，10 只手就是 10 个 5。

生 2：求 10 只手的手指，就是 10 个 5。

教师再次追问：你们说的 5 表示什么意思？ 10 呢？

生 1：5 表示 5 根手指，10 表示有这样的 10 个 5。

生 2：5 表示每只手有 5 根手指，是一份的数，10 表示有这样的 10 个 5。

教师指着加法算式：还可以怎么说？

生 3：5 表示加数，10 表示有 10 个加数。

生 4：加数都一样，都是 5，有 10 个。

师：5 表示 1 份的数，还表示相同加数是 5，10 表示有这样的 10 份，还表示相同加数的个数，这个算式表示 10 个 5 相加的和是 50。

师：10 个 5 相加的和，除了可以列加法算式，还可以列乘法算式。

生：老师，我会，$5 \times 10 = 50$，还可以写成 $10 \times 5 = 50$。

师：嗯，确实是这样，你给大家讲讲这个乘法算式表示什么意思。

生 1：5 表示加数，有 10 个，就是表示 10 个 5。

生 2：5 表示相同加数，有 10 个相同加数，是 10 个 5。

生 3：5 是相同加数，也是一份数，有 10 个，是 10 个 5。

……

【案例分析】

"认识乘法"这节课，教师走了一条不同寻常的路，自始至终，都紧紧抓住"份"的概念，带着学生经历了加数相同的加法还可以用乘法表示的建构过程。

在"认识乘法"的过程中，教师首先借助学生熟悉的情境唤醒学生的前概念"每份"。"我们每只手都有 5 个手指，还可以怎么说？"此问题问在了知识的生长点上，其目的是激活学生对"每份"的认知，学生一下子就说出了："每只手都有 5 个手指，还可以说成每份是 5。"唤醒学生对"每份"的认识，就相当于帮助学生推开了探寻乘法本质的大门。

接着，教师通过"每份"和"有这样的几份"帮助学生建立"几个几相加"的表象。"我们把 5 个手指看成了 1 份，1 份就是 1 个 5。那这 2 只手呢，我们可以看成是几份，是几个几？"此问题直指乘法本质，其目的是运用学生对"份"的认识初步感知乘法的意义，为学生接受乘法奠定了坚实的基础。

最后，教师将"几个几相加"和"相同加数和相同加数的个数"有机勾联，使学生清晰地知道乘法的由来，是求加数相同的加法的简便计算。"10 个 5 加在一起就行了，谁知道他是怎么想的？""你们说的 5 表示什么意思？ 10 呢？"通过这样层层递进的问题，借助加法算式的表象，学生很自然就理解了"几个几"和"加数相同的加法"之间的关系，由此乘法的概念在学生心目中就清晰地建立了起来。

从"几个几"出发到理解"几个几"表示的是求加数相同的加法的简便计算，在不断深化"份"的认识的过程中，帮助学生将新知不断纳入原有的认知结构中，使学生的认知结构越来越丰满，越来越清晰，为迁移解决新问题奠定了扎实的根基。

案例四

"倍的认识"片段

"倍"是在比较中产生的，当多出来的部分与标准成份数关系时，两个数量之间的关系还可以用"倍"来表达。在三年级"倍的认识"一课中，教师从"数量的比较"引入，以"份"的概念为基础，通过圈、画等活动，在理解"份"的基础上建立"倍"的概念。

【案例描述】

上课伊始，教师出示了一幅小动物图（图 5-15），请学生们说出他们看到的小动物的数量及它们之间的关系。当学生说出"熊猫比狮子少 2 只，比大象少 8 只""大象比狮子多 6 只，比熊猫多 8 只"的时候，教师顺势点拨：你能想个办法，让我们一眼就看出谁比谁多多少或谁比谁少多少吗？学生们很快就表达出了自己的想法。

图 5-15

生 1：

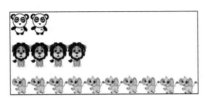

图 5-16

生 2：

图 5-17

面对学生的资源，教师进行了追问：你们干吗都这么摆呀，能讲讲是怎样想的吗？学生说出：这样一一对应的摆，可以让我们一眼看出谁比谁多几只和少几只。在此基础上，教师提出：那这三种小动物除了有多和少的关系，还有什么关系？你能在老师发给你的题纸上圈出它们的关系吗？

之后教师在学生的资源中选择了有代表性的图呈现在黑板上（图5-18），问学生：你们这么圈图，想表达什么意思呢？

图 5-18

生 1：把 2 只熊猫圈在一起是 1 份，狮子有这样的 2 份，大象有这样的 5 份。

生 2：把 2 只熊猫看成 1 份，1 份是 1 个 2，狮子有这样的 2 份，就是 2 个 2，大象有这样的 5 份，就是 5 个 2。

生 3：把 2 只熊猫当作标准，是 1 份的数，看狮子和大象的数量里有几个这样的 1 份，就有几份。

在学生充分表达想法的基础上，教师顺势揭示了倍的概念：刚才我们说了熊猫的 2 只是标准，是 1 份，大象有像熊猫那样的 5 份，是 5 个 2，我们还可以说成大象的只数是熊猫的 5 倍，在此基础上教师进行了追问。

（1）大象的只数和熊猫比，谁是谁的 5 倍？

（2）大象的只数是熊猫的 5 倍，这句话是什么意思？

（3）你能用"倍"说说狮子的只数和熊猫之间的关系吗？你是怎么想的？

结合学生的发言，教师进行了小结：两个数量进行比较，我们把较小数看作 1 份，1 份就是 1 个几，再看看较大数里有这样的几份就是几个几，也就是较小数的几倍。

【案例分析】

"倍"是一个相对抽象的数学概念，也是使学生学习时感到比较困难的一个概念。就其本质来说，它表达的是两个数量之间的一种比较关系。案例中，为了让学生真正理解倍的本质，教师将数量之间的比较过程做得很充分，力求让学生经历确定标准，以标准量为"一份"度量比较量中有几个"一份"的过程，逐步建构"倍"的概念。

"倍"概念的第一次建构，是从小动物数量之间的比较开始的。通过教师问题的撬动：你能想个办法，让我们一眼就看出谁比谁多多少或谁比谁少多少吗？其目的是凸显标准在比较中的重要性，也为后面学生找寻"一份"，运用"份"的概念，引领学生去感悟两个量之间的倍数关系打下了基础。

"倍"概念的第二次建构，是让学生对整齐摆放的三种小动物的数量，通过圈、画再次进行比较，通过比较，确定标准，并用标准去度量，去发现它们之间其他的数量关系。这种其他的数量关系，其实就是学生熟悉的"份"的关系，使学生的思维再次被激活。有的学生说："把2只熊猫圈在一起是1份，狮子有这样的2份，大象有5份。"有的学生说："把2只熊猫看成1份，1份是1个2，狮子有这样的2份，就是2个2，大象有这样的5份，就是5个2。"还有的学生说："把2只熊猫当作标准，是1份数，看狮子和大象的数量里有几个这样的1份，就有几份。"至此，"倍"的概念就在学生以标准量为"一份"去度量比较量的过程中不知不觉地建立起来了。

通过比较，凸显标准，把标准与"份"这个核心概念紧紧地融合在一起，以份的概念为支撑，在不断的新旧知识的转换中，在不断的思维碰撞中建构起了"倍"的概念，同时发展了思维。

案例五

"认识几分之一"片段

"认识几分之一"的分数是学生第一次接触分数。教学中，我们跳出教材对此内容的编排，从知识体系出发，以核心概念"份"为知识基础和思维条件，借助学生对"份""倍"概念的理解，在真实的问题情境中，通过身高的比较，引出标准也就是 1 份的转换，理解两个数量的比较关系还可以用分数表示，从分率的角度开启对分数的认识。

【案例描述】

上课伊始，教师就创设了丁老师两岁时的身高与现在的身高进行比较的问题情境（图 5-19）。

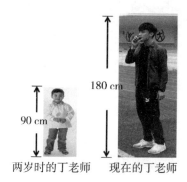

两岁时的丁老师　现在的丁老师

图 5-19

师：看到这两条信息，你想到了什么？

生 1：我想到丁老师现在的身高是他两岁时的 2 倍。我把丁老师两岁时的身高看成 1 份，丁老师现在的身高有像两岁时那样的 2 份，所以我们说丁老师现在的身高是两岁时的 2 倍。

师：（随着学生的描述画出线段图 5-20）你们把谁看成标准了？

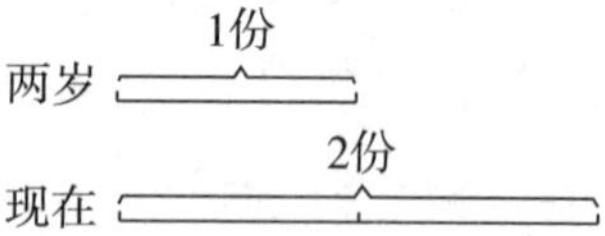

两岁 ⊢―――1份―――⊣

现在 ⊢――――2份――――⊣

图 5-20

生（齐声）：把两岁时的身高看成了标准。

师：其他同学，你想到了什么？

生 2：我想到丁老师两岁的身高是他现在身高的一半，您看 180 cm 里有 2 个 90 cm，90 cm 就相当于 180 cm 的一半。

师：（随着学生的描述画出线段图5-21）这回你们把谁看成标准了？

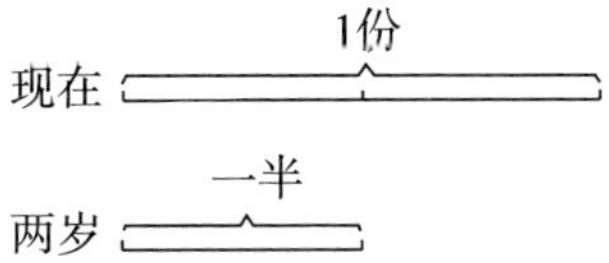

图 5-21

生（齐声）：把现在的身高看成标准。

师：当我们把丁老师现在的身高看成标准是1份，其实它是1大份，这1大份被平均分成了2小份，丁老师两岁时的身高只相当于这2小份中的1小份，所以说丁老师两岁时的身高是现在的一半。在数学上，我们就可以说成丁老师两岁时的身高是现在的 $\frac{1}{2}$。（同时把图上的"一半"变成" $\frac{1}{2}$ "。）

师：丁老师两岁时的身高是现在的 $\frac{1}{2}$，这是什么意思呀？

生1：我们把丁老师现在的身高看成1大份，这1大份平均分成2小份，他两岁时的身高只相当于现在的1小份，所以我们说丁老师两岁时的身高是现在的 $\frac{1}{2}$。

生2：我们把丁老师现在的身高看成1大份，这1大份平均分成2小份，他两岁时的身高只相当于2份中的1小份，所以我们说丁老师两岁时的身高是现在的 $\frac{1}{2}$。

在已经建立 $\frac{1}{2}$ 概念的基础上，教师提出新的问题："都是丁老师两岁时的身高和现在的身高在比较，怎么一会儿说'2倍'，一会儿又说' $\frac{1}{2}$ '，这是怎么回事？"

生1：因为第一幅图我们把丁老师两岁时的身高看成1份，第二幅图我们是把他现在的身高看成 1 份。

生 2：因为我们看的标准不同，我们把两岁时的身高看成标准，也就是 1 份，所以现在的身高就是两岁时的 2 倍；我们把现在的身高看成标准，也就是 1 大份，丁老师两岁时的身高只相当于这 2 小份中的 1 小份，所以他两岁时候的身高就是现在的 $\frac{1}{2}$。

结合学生的发言，教师进行小结：当我们把较小数看成 1 份时，较大数有像较小数这样的 2 份，就是它的 2 倍。当我们把较大数看成 1 份时，较小数相当于较大数 2 小份中的 1 份，就是它的 $\frac{1}{2}$，标准变了，结论也会跟着改变。

【案例分析】

"认识几分之一"的教学，教师走了一条与众不同的道路，从知识间的内部联系出发，给核心概念"份"以核心地位，从两个数量的比较关系入手，在倍概念的基础上，通过标准也就是把谁当成 1 份的转换中，建构起对分数的认识。

在"认识 $\frac{1}{2}$"的过程中，教师抓住标准"1 份"这个关键，通过对标准"1 份"的不断深入认识帮助学生去读懂"$\frac{1}{2}$"的意思。首先，在解决问题中，通过体验标准的转换，建立对 $\frac{1}{2}$ 的认识。学生在解决丁老师两岁时的身高和现在的身高有什么关系的问题中，通过较大数是较小数的几倍，唤醒学生对标准"1 份"的觉悟；从对"一半"含义的理解，使学生认识到两个数量比较可以把较小数看成 1 份，还可以把较大数看成 1 份，只不过这次我们说的 1 份是 1 大份，当以较大数为标准的时候，两个数量之间的关系就出现了新的描述方式——$\frac{1}{2}$。通过对 $\frac{1}{2}$ 的理解，初步建立起对分数的认识。其次，教师通过创设辨析情境，再次让学生体会标准的重要性。"都是丁老师两岁时的身高和现在的身高在比较，怎么一会儿说'2倍'，一会儿又说'$\frac{1}{2}$'，这是怎么回事？"学生的思维再次被激活，在深化对$\frac{1}{2}$理解的基础上，学生已经感受到不管是用"倍"还是用"分数"来描述数量关系，都离不开份的概念，培养了学生辩证地去看待问题的意识。

基于对核心概念"份"的深入研究，在迁移中解决新问题、认识新概念，是培养学生创新意识的基础，也是学生形成良好认知结构的基础，学生的知识与能力同时得到提升。

案例六

"比的意义"片段

"比"就其本质表示的是两个数量之间的倍数关系，在教学六年级"比的意义"一课时，教师给最基本的概念"份"以核心地位，在对"份"的深入理解中运用"倍"的概念，建立"比"的意义，探寻"比"的本质。

【案例描述】

上课伊始，教师抛出了一个贴近学生生活的问题：周末，明兰和妈妈打算一起制作奶茶，妈妈在网上找到了一个网红奶茶配方：1份茶搭配2份奶。妈妈沏了100毫升的茶，需要兑入多少毫升奶？

全班学生都毫不犹豫地答出100毫升的茶需要加入200毫升的奶。此时教师没有就此结束，而是引领学生进行深入的思考，让学生说出其背后的道理：你们是怎么想到要加入200毫升奶的？

生1：题目中说1份茶搭配2份奶，也就是说奶是茶的2倍，茶是100毫升，2倍就是200毫升，需要200毫升的奶。

生2：1份茶搭配2份奶，也就是说有1份茶就得搭配2份奶。如果把100毫升的茶看作1份，搭配的奶就得是2个这样的一份。就是

200 毫升。

生 3：根据 1 份茶搭配 2 份奶，知道了茶是 1 份的时候，奶就是 2 份，如果把 1 毫升茶看作 1 份，奶是 2 份就是 2 毫升，那么 100 毫升的茶就需要搭配 2 个 100 毫升的奶，就是 200 毫升的奶。

生 4：1 份茶搭配 2 份奶，也可以看作茶是奶的 $\frac{1}{2}$，如果茶是 100 毫升，也就是说 1 份是 100 毫升，2 份就是 200 毫升，就是需要兑入 200 毫升的奶。

根据学生对茶和奶搭配的理解，教师总结：大家的想法不尽相同，但都是把茶看作了 1 份，奶有这样的 2 份，奶是茶的 2 倍，那像这样表示两个量的倍数关系也可以用比来表示，茶和奶的比就是 1：2。

【案例分析】

"比"顾名思义是"比较"的意思，在小学阶段学生有两种比较量大小的方式：一种是"差"的关系，另一种是"倍"的关系。"比的意义"教学中，教师让学生经历从具体情境中抽象出比的意义的过程，在追根刨底中，帮学生建立比与份、几倍、几分之几之间的联系，突出"比"表示的是两个数的倍数关系。

案例中，教师通过创设制作网红奶茶引入教学，在解决问题的过程中发现其本质：把茶看成 1 份，奶就需要这样的 2 份，茶要是 100 份，奶也要相应增加到 200 份。通过观察发现茶和奶之间的倍数没有变，这种没有变的倍数关系还可以有另外一种表达方式，即"比"。这个环节的设置让学生在解决问题中，感受核心概念"份"的力量，并在"份"这个核心概念的引领下，引导学生进行思考，探究比的意义，认识比的本质：两个量之间的倍数关系。在建立比的概念的同时，还帮助学生形成了以"份"的概念为核心的良好的认知结构，使学生的知识和能力同时得到了提升。

三、"数位、计数单位、进率"概念案例系列

数的认识与数的运算的核心都是"数位、计数单位、进率"。每一节认数课与同步的计算课都有着内在的必然联系。数的认识是对数位、计数单位、进率这些概念的揭示,运算则既是对这些概念的深入理解与运用,又是对加减乘除四则运算意义的丰富认识与理解。以核心概念"数位、计数单位、进率"为核心构建的知识结构,不仅有利于学生理解和记忆,而且有利于架起新旧知识的桥梁,为迁移奠定基础。

案例一

"1 的认识"片段

马芯兰老师认为:教学中要给予数"1"足够的重视。她说:"1"是数的最基础单位,是儿童认识数的开始,更是学生抽象思维的起步,要稳扎稳打,做好了对学生数学开窍极为重要。为此,我们在一年级专门设计了"1 的认识"的微课,从"单位"的角度出发,帮助学生建立数"1"的基数含义,从中渗透以"1"为单位计数,开启了研究"数"的本质之路。

【案例描述】

上课伊始,教师从学生最熟悉的实物引入,帮助学生认识数 1。

师:(出示)这是几个桃子?用几来表示?

生:这是 1 个桃子,用"1"来表示。

师:(出示)这是几艘小火箭?可以用几来表示?

生:这是 1 艘小火箭,用"1"来表示。

师:(出示)谁来说说?

生:这是 1 只猴子,用"1"来表示。

（教师出示 ）

生：这是 1 个足球，用"1"来表示。

师：这么多不一样的东西，同学们都说可以用"1"来表示。不管是什么，只要它的数量是 1 个，我们就可以用"1"来表示。

至此教师并没有结束教学，继续提问：谁来说说"1"还可以表示什么呀？

生 1："1"可以表示 1 面国旗。

生 2："1"可以表示 1 头大象。

生 3："1"可以表示 1 个苹果。

生 4："1"可以表示 1 根香蕉。

……

师：不管什么东西，只要它的数量是 1 个，我们就可以用"1"来表示，1 里面有 1 个一。

【案例分析】

自然数 1 是人类最早用作计数的单位，数的发展就是从 1 开始的，而计数单位"一"也是学生最早接触的第一个计数单位。本节课是认数课的开始，教师对"1"的认识，没有只停留在认识数量"1"上，而是在这个基础上又迈进了一步，顺势而为，揭示了 1 里面有"1 个一"，开启了研究数的本质之路。

首先，教师让学生通过观察、交流生活中的多种实物认识数"1"。从 1 个桃子到 1 艘小火箭、1 只小猴子、1 个足球，使学生认识到：不管是什么，只要它的数量是 1 个，我们就用"1"来表示。在丰富感知的基础上，对数"1"进行抽象和概括，是学生对"1"原有认识的提升，这也是教师在指导学生如何概括，是概括的启蒙，更是撬动学生思维的起点。从生活中的物品的数量入手帮助学生建立数"1"的基数含义，经历了从具体到抽象的过程。

接着，教师将抽象的数"1"还原到生活中去，加深对数"1"的认识。"谁来说说'1'还可以表示什么呀？"此问题把抽象的"1"再次具体化，使学生进一步感受不管是什么东西，只要是 1 个就可以用"1"来表示，加深了学生对"1"的抽象性的认识。这是学生利用抽象的数去观察和理解问题的基础。

从具体到抽象，再从抽象到具体，一来一去中，不仅丰富了对数"1"的认识，而且还从中渗透了以"1"为单位计数，为认识计数单位"一"奠定了扎实的根基。

案例二

"10 的认识"片段

"10"是学生建立数位概念的重要节点，也是学生第一次接触到十进制计数法，可见，它在数的认识中的重要性。马芯兰老师一直强调要给予"10"足够的重视，要借助对数"10"的认识，帮助学生初步建立起计数单位"十"的表象及"一"与"十"关系的表象，为数位、计数单位、进率概念的建立奠定坚实的基础。

【案例描述】

在学生已经认识了 1~9 这些数，并清楚这些数都表示"几个一"之后，教师带领学生认识 10 个一与 1 个十之间的关系。

师：（教师一根一根地拿起小棒）这是几根小棒，表示几个一？是几？

生：这是 9 根小棒，表示 9 个一，是 9。

师：（再拿 1 根小棒）9 个一再添上 1 个一，是几个一？是几？

生：9 个一再添上 1 个一，是 10 个一，是 10。

师：够 10 个一就必须捆成 1 捆（教师打捆），这 1 捆小棒表示 1 个十，是 10。谁听清这 1 个十是怎么来的？

生：这 1 个十是由 9 根小棒再添上 1 根小棒就是 10 根小棒，够 10

根小棒就必须捆成1捆，这1捆小棒就表示1个十，是10。

　　师：这1个十是怎么来的？请你自己摆一摆，捆一捆。（学生操作）

　　师：几个一就是1个十？1个十里面有几个一？（对于这个问题，教师进行了反复地追问。）

　　生：10个一就是1个十，1个十里面有10个一。

　　师：10根小棒就表示1个十了，它还能放在个位吗？（此时教师拿着1捆小棒准备放进表示个位的数位筒，如图5-22所示。）

图5-22

　　生1：不能，因为个位上都表示几个一。

　　生2：不能，因为个位上都表示几个一，又因为一捆小棒表示1个十，所以个位上不能放1捆小棒。

　　师：说得真好，所以我们就需要一个新的位子放这1捆小棒，这个位子就叫作十位。（此时，教师出示十位筒，把1捆小棒放进十位筒，如图5-23所示。）

图5-23

师：好，那 10 怎么写呢？我们说 1 个十是 10，我就写 1 行吗？

生：不行。

师：那我把这个 1 写粗一点儿，行不行？

生：不行，先在十位上写 1，再在个位上写 0，这才是 10。（教师顺势板书：10，如图 5-24 所示。）

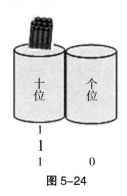

图 5-24

师：为什么非要写这个 0 呢？说说你的想法。

生：因为不写 0 就是个位上的 1 了，0 是为了占位的。

师：10 个位上的 0 虽然表示 1 个一也没有，但它很重要，起到占位的作用。

师：那现在我们再看这个 10，你是怎么理解的？

生：十位上的 1 表示 1 个十，个位上的 0 表示 1 个一都没有。

师：这就是今天我们学习的 10 的认识。

【案例分析】

"10" 是学生建立 "数位、计数单位、进率" 这些概念的起点，而这些概念对于学生来说是抽象的，难于理解的。为了突破这一难点，马芯兰老师创造了 "数位筒" 这一独特的直观模型，将这一难点具体化、形象化。

首先，教师引导学生 1 根 1 根地数小棒，当数到 9 的时候，教师用问题一拨："这是几根小棒，表示几个一？是几？" 借助 "小棒" 这一直观模型的可视性，将学生的视觉、听觉充分调动起来，帮助学生建立起计数单位"一"的表象。

接着，教师引进了"数位筒"这一独特的直观模型，帮助学生建立计数单位"十"及"一与十"关系的表象。"够 10 个一就必须捆成 1 捆"，通过"打捆"这一动作，学生经历了"十"的生长过程；这 10 根小棒表示 1 个十了，它还能放在个位吗？（此时教师拿着 1 捆小棒准备放进表示个位的数位筒。）将学生的思维引向深入，体会到新的数位产生的必要性，以及对"满十进一"的理解。

最后，教师再次借助"数位筒"的形象性，通过"10"的书写，再一次让学生感悟个位和十位表达的意思。

整个过程，教师自始至终借助"小棒""数位筒"，在不断地观察和操作活动中，通过直插概念本质的问题，将对"10"的理解扎根于"数位、计数单位、进率"这片沃土之中，为以后形成对计数单位整体结构的认识奠定了扎实的基础。

案例三

"给 0.1 找位置"

小数源自分数的整体与部分的关系，其计数系统是从整数的十进制系统延伸而来的。在"小数的数位顺序表"一课中，教师利用计数器、数位表等工具，通过抓"计数单位""数位"等核心概念，引导学生经历将大的计数单位细分成小的计数单位的过程，勾联整数与小数之间的关系，帮助学生建立、理解小数位值系统。

【案例描述】

上课伊始，教师带领学生复习了 0.1，0.01，0.001 所表示的意思之后，让学生在计数器上表示出 0.1。学生创作出自己的作品之后，教师引导学生进行讨论（图 5-25）。

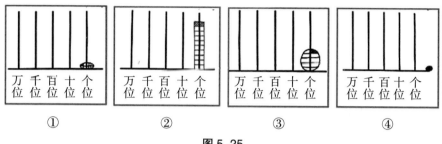

图 5-25

师：哪幅作品能既清楚又准确地在计数器上表示出 0.1？

生 1：我选②号，因为它把个位上的长方形平均分成 10 份，用其中的 1 份表示 0.1。①③号虽然也是把一个圆、一个珠子分成 10 份，但是没有做到平均分。

生 2：我选④号，因为 0.1 是把"1"平均分成 10 份，其中的 1 份才是 0.1，所以小珠子就不能放在个位了，应该放在个位之后的一位。

生 3：我也选④号，数位表中每一个数位之间的进率都是 10，④号在个位之后标出一个数位，它们之间的进率也应该是 10。

生 4：我也觉得④号作品挺好，就是有点儿缺陷，其他数位之间的进率都是 10，那图中的小珠子的位置和其他数位之间的进率是几呢？有可能是 100，这点儿没表示清楚。

生 5：④号作品应该再完善一下，给这个珠子所在的位置起个名字，就叫作十分位吧。

师：就他说的十分位中的"分"表示什么意思，怎么会起名叫十分位？

生：因为它是把"1"平均分成 10 份，其中的 1 份就是十分之一，所以叫作十分位。

师：那其他同学同意他的说法吗？

生 1：十分之一所在的位置叫十分位，同意。

生 2："十"所在的位置叫十位，"一"所在的位置叫个位，"十分之一"所在的位置叫十分位。

师：现在我们明白了，大家的作品其实都是想把"1"平均分成10份，其中的1份就是0.1。0.1也是有位置的，它在数位表中的位置就是十分位。

此时，教师在计数器上完善数位顺序表，并继续问道：那你知道0.01应该在哪一位上吗？

生：0.01就是把"1"平均分成100份，取其中的1份就是百分之一，所以0.01所在的位置应该是百分位。

师：0.001？

生：在千分位，把"1"平均分成1000份，取其中的1份就是千分之一，也就是0.001，所以应该在千分位。

在学生的讨论中，教师继续完善计数器的数位表。并追问：找到了0.1，0.01，0.001在数位表中的位置之后，那我们借助计数器看看，0.1，0.01，0.001之间的进率是多少呢？（图5-26）

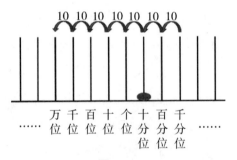

图 5-26

学生在操作中体会到10个0.001是0.01，10个0.01是0.1，10个0.1是1……

【案例分析】

小数的学习应是学生对数位、计数单位概念的又一次深入理解和扩充。课中，教师抓住"计数单位""数位""进率"等核心概念，借助计数器、数位表等直观模型，激活整数学习中的十进制、数位等知识，通过计数单位的不断细分的活动，沟通整数与小数之间的联系，将整数、小数在"数位、计数单位、进率"等核心概念上形成统一。

教学中，教师充分利用计数器、数位表等直观模型，在数的表达不断精细化的过程中，学生产生"继续分"的需要，从而"诞生"了新的计数单位。片段中，教师通过三个层次帮助学生建立、理解小数位值系统，第一层表达 0.1 在数位表中的位置，通过讨论，学生更加明确 0.1 的含义，教师抓住"计数单位""数位"这两个核心概念，帮助学生勾联整数与小数之间的关系，从而明确了十分位的由来。第二层找 0.01，0.001 的位置，学生在经验迁移中，运用小数的意义沟通了一位小数、两位小数、三位小数……之间的联系，进一步沟通小数与十进分数的关系，理解了百分位、千分位的含义。第三层通过在计数器中拨珠子的活动，帮助学生理解相邻计数单位间的十进关系。有意识地凸显更为核心的概念——十进位值制，让学生直观感悟十进制计数法从整数拓展到小数的过程，从而体会到小数位值系统是整数十进位值系统的自然延伸。

教学中，教师从"计数单位""数位""十进制"这些核心概念出发，在数形结合中，基于学生的经验，鼓励学生创造小数数位，让学生经历数位顺序表从整数拓展到小数的过程，引导学生主动构建小数数位顺序表，以达到真正地融会贯通的目的。

案例四

"百以内数的退位减"片段

减法计算就其本质是计数单位个数的递减。在"百以内数的退位减"这节课中，学生借助直观学具的操作，通过"拆""换"的过程，经历了计数单位的变换，从度量的角度深刻理解运算意义。

【案例描述】

上课伊始，教师创设了体育课借足球的情境（图5-27），引导学生从实际情境中抽象出数学问题，并列出减法算式：36-8。

我们班借8个足球。

36个

还剩多少个足球？

图 5-27

师：这道题与前面学习的计算"36-4"对比，给我们设置了什么困难？

生1：个位减个位不够减了。

生2：个位的6减8不够减了。

师：36-8，按理说应该用个位上的6减8，但是现在个位上6减8不够减了，那怎么办呢？你们能借助小棒把这件事说明白吗？（学生摆小棒）

师：谁愿意到前面用小棒给大家讲讲个位上6减8不够减了，怎么办？

生1边摆边说：6减8不够减，我用36中的1个十来帮忙。我先把1个十拆开变成10个一，再从10个一中去掉8个一还剩2个一，再把这2个一和6个一相加是8个一，所以个位上是8。十位上因为借走1个十去帮忙减8了，所以还剩下2个十，那么十位上是2。最后36-8=28（图5-28）。

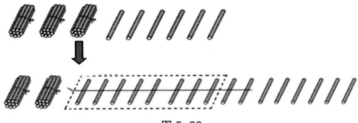

图 5-28

生 2 边摆边说：6 减 8 不够减，我用 36 中的 1 个十来帮忙。我先把 1 个十拆开变成 10 个一，再把 10 个一和 6 个一合起来是 16 个一，然后再用 16 个一减去 8 个一得 8 个一，所以个位上是 8。十位上因为借走 1 个十去帮忙减 8 了，所以还剩下 2 个十,十位上还剩 2，36-8 也就等于 28（图 5-29）。

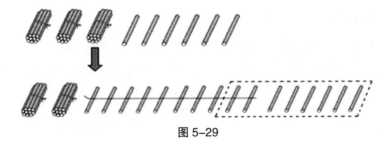

图 5-29

师：同学们用不同的方法都算出了 36-8=28，我们一起来看这个算式，十位上之前是 3，现在怎么变成 2 了？

$$36-8=28$$

生 1：因为 36 中十位上的 1 个十去帮忙减 8 了。

生 2：因为 36 中十位上的 1 个十，拆开变成 10 个一，10 个一去帮忙减 8 了。

师：也就是我们在计算时，个位的 6 减 8 不够减，从十位上借来 1 个十去帮忙减 8，所以十位就变成现在的 2 了。

【案例分析】

马芯兰老师常说：小学数学中关于"单位"这件事无论怎么重视都不为过，就其计算教学来说"计数单位"是核心，这个概念要紧抓不放。

从计数单位变换的角度帮助学生明理，教师抓住"拆"这个关键，从三个层次引导学生去读懂计数单位的变换。首先，借助问题"拆"。"36-8与前面学习的计算36-4对比，给我们设置了什么困难？"此问题问在了知识的生长点上，其目的是撬动学生的思维，使学生在新旧知识的碰撞中读懂计数单位变换的重要价值。其次，借助学具"拆"。"个位上6减8不够减了，那怎么办呢？你们能借助小棒把这件事说明白吗？"再一次撬动学生的思维，使学生在操作中读懂计数单位的变换。学生边摆小棒边说算理："6减8不够减，我用36中的1个十来帮忙。我把1个十拆开变成10个一。"在计数单位的转换中，让计数单位递减的过程得以实现，从核心概念的角度勾起学生探索新知的根本动力。最后，借助算式"拆"。教师借助算式进行追问："十位上之前是3，现在怎么变成2了？"学生再次回顾"拆""换"的历程，深刻感悟"计数单位变换递减"的过程，从直观走向抽象，促进思维能力的发展。

正如案例所揭示：个位上几个一减几个一，不够减时将十位的1个十变成10个一再继续减，从"计数单位"这个核心概念出发，通过计数单位的变换帮助学生直观理解数的内部结构，进而深刻理解运算的意义。

案例五

"同分母分数加减法"片段

分数加减法运算就其实质与整数、小数加减法运算是一样的，是计数单位个数的累加或递减。"同分母分数加减法"一课，教师给"计数单位"这个核心概念以核心地位，通过对分数、整数加减法运算算理的沟通，打通了它们之间的内在联系，为学生形成良好的认知结构奠定了基础。

【案例描述】

在简单理解同分母分数加减法的计算方法之后，教师的教学并没有结束，而是进行了更深入的探究。

师：前面我们学习了整数加减法计算，今天我们又学习了简单的分数加减法计算，我们一起来看看都是怎样算的。

$$\frac{1}{8} + \frac{2}{8} = \frac{3}{8} \qquad 1 个（\quad）加 2 个（\quad）是 3 个（\quad）$$

1+2=3 　　　　　 1 个（　）加 2 个（　）是 3 个（　）

10+20=30 　　　 1 个（　）加 2 个（　）是 3 个（　）

100+200=300 　 1 个（　）加 2 个（　）是 3 个（　）

图 5-30

师：你能根据每道题的计算过程，填出后面的空吗？

学生说教师填空。

$$\frac{1}{8} + \frac{2}{8} = \frac{3}{8} \qquad 1 个（\frac{1}{8}）加 2 个（\frac{1}{8}）是 3 个（\frac{1}{8}）$$

1+2=3 　　　　　 1 个（一）加 2 个（一）是 3 个（一）

10+20=30 　　　 1 个（十）加 2 个（十）是 3 个（十）

100+200=300 　 1 个（百）加 2 个（百）是 3 个（百）

图 5-31

师：仔细观察，你发现这些加法题在计算的过程中有什么共同的地方？

生 1：都是 1 个什么加 2 个什么等于 3 个什么。

生 2：都是 1 个几加 2 个几是 3 个几。

师：你们说的那个"什么"还有那个"几"就是我们常说的计数单位，计数单位相同的时候，我们相加的是计数单位的个数。

师：我们一起再来看看减法。

$$\frac{2}{8} - \frac{1}{8} = \frac{1}{8} \quad 2个（\ ）减1个（\ ）是1个（\ ）$$

2-1=1　　　　2个（　）减1个（　）是1个（　）

20-10=10　　　2个（　）减1个（　）是1个（　）

200-100=100　2个（　）减1个（　）是1个（　）

图 5-32

师：你能根据每道题的计算过程，填出后面的空吗？

学生说教师填空。

$$\frac{2}{8} - \frac{1}{8} = \frac{1}{8} \quad 2个（\frac{1}{8}）减1个（\frac{1}{8}）是1个（\frac{1}{8}）$$

2-1=1　　　　2个（一）减1个（一）是1个（一）

20-10=10　　　2个（十）减1个（十）是1个（十）

200-100=100　2个（百）减1个（百）是1个（百）

图 5-33

师：减法是不是也是那样算的呀？哪样算的？

生1：和计算加法一样，减法减的也是计数单位的个数。

生2：减法和加法一样，减的也是计数单位的个数。

师：不管是我们以前学习的整数加减法，还是今天学习的分数加减法，其实都是相同的计数单位的个数在相加减。

【案例分析】

小学数学计算知识是以"数位""计数单位""进率"和运算意义为核心概念组建的知识结构。马芯兰老师一再强调："要想使这一结构真正地发挥作用，教学中就一定要做到给予核心概念以核心地位，只有这样学生才能迁移解决新问题，而迁移的过程，也就是提升能力的过程。"

"计数单位"本身就是一个比较抽象的概念，更别说在教学中让学生认识到它的重要性了。教学中，教师别出心裁地创设了对比沟通的情境，借助题组，溯本求源。教师尊重学生的原有认知，通过直观感受让学生有所悟，并通过直指知识本质的问题，再次撬动了学生的思维："仔细观察，你发现这些加法题在计算的过程中有什么共同的地方？""减法是不是也是那样算的呀？哪样算的？"学生们在沟通对比中感悟简单分数加减法计算的本质与整数加减法一样都是相同计数单位个数在相加减，真正做到了明理通法。

基于核心概念的勾联，很好地引导学生把新知识纳入原有的认知体系中，在学生的认知结构不断完善、运算能力也在不断提高的同时，渗透了"变与不变、透过现象看本质"的观点。

案例六

"分数除以整数"片段

除法运算就其本质是将计数单位的个数平均分。在"分数除以整数"这节课中，教师抓住"计数单位"这一核心概念，引导学生通过操作、画图、辨析等方式理解当分数单位的个数不能平均分时，要将分数单位细分成更小的分数单位计算的道理。在计数单位变换的过程中，明理通法。

【案例描述】

当学生理解了 $\frac{4}{5} \div 2$ 的算理之后，教师出示了 $\frac{4}{5} \div 3$，下面是教师和学生的对话。

师：$\frac{4}{5} \div 3$ 什么意思？

生：把 4 个 $\frac{1}{5}$ 平均分成 3 份。

师：把 4 个 $\frac{1}{5}$ 平均分成 3 份，与前面我们学过的题目 $\frac{4}{5} \div 2$ 相比，这道题给我们设置了什么困难？

生：4 除以 3 除不尽了。

师：也就是分数单位的个数不能正好平均分了，那平均分分数单位的个数就真的行不通了吗？请同学们想办法解决一下？（教师提供了长方形图和彩纸）

学生借助教师提供的学具，通过动手操作展开思考，呈现了以下几种方法。（图 5–34）

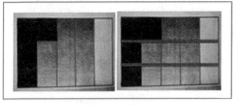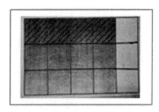

（生 1 贴纸条）　　　　　（生 2 画图）

图 5–34

生 1：将 $\frac{4}{5}$ 平均分成 3 份，每份先分到 1 个 $\frac{1}{5}$，还剩下 1 个 $\frac{1}{5}$ 没分完，再把这 1 个 $\frac{1}{5}$ 平均分成 3 份，每一份是 $\frac{1}{15}$，所以一共是 $\frac{4}{15}$。

师：你的图怎么看不出 15 份？你能再给我们解释一下吗？

生 1：我在图上画一画大家就能看明白了，（指图讲）将长方形平均分成了 15 份，每一小份就是 $\frac{1}{15}$，这 1 条是 3 个 $\frac{1}{15}$ 和 1 块是 $\frac{1}{15}$，合起来就是 4 个 $\frac{1}{15}$。

生 2：我把这 5 个 $\frac{1}{5}$ 平均分成 3 份，这个长方形就被平均分成了 15 份，每一小份就是 $\frac{1}{15}$，$\frac{4}{5}$ 里面有 12 个 $\frac{1}{15}$，平均分成 3 份，每份就

是 $\frac{4}{15}$。

此时，教师进行了追问：有的同学分纸条，有的同学画图，都是把 4 个 $\frac{1}{5}$ 平均分成 3 份，都想到了把这个长方形平均分成 15 份，这是在干什么呢？

生 1：我是在改变计数单位，让计数单位个数可以平均分，因为 4 个 $\frac{1}{5}$ 不能平均分成 3 份，所以把 4 个 $\frac{1}{5}$ 变成 12 个 $\frac{1}{15}$，这样可以平均分成 3 份。

生 2：把长方形平均分成 15 份是为了转换计数单位，$\frac{4}{5}$ 的大小没变，只是把 $\frac{1}{5}$ 这个计数单位转换成了 $\frac{1}{15}$，$\frac{4}{5}$ 变成 $\frac{12}{15}$ 之后，计数单位的个数就可以平均分了。

师：$\frac{4}{5}$ 变成 $\frac{12}{15}$ 的依据是什么？

生：依据分数的基本性质。

师：在这个运用分数基本性质的过程中，什么变了？什么没变？

生 1：计数单位变了，大小没变。

生 2：将 $\frac{4}{5}$ 的计数单位 $\frac{1}{5}$，细分成了 $\frac{1}{15}$，计数单位变了，分数大小没变。

师：当 4 个 $\frac{1}{5}$ 不能正好平均分成 3 份时，你们想到了把这个长方形平均分成了 15 份，其实就是在把分数单位细分，细分成了 12 个 $\frac{1}{15}$，大小没变，分数单位变了。就这么一变，分数单位的个数就能正好平均分了……像这样细分计数单位的情况，我们还在哪儿遇到过？

生 1：减法计算，不够减时，就要向前一位借"1"，也是在细分计数单位。

生 2：计算异分母分数加减法时，需要通分，通分的过程就是在转换计数单位，统一单位之后再用计数单位的个数相加减。

生3：整数除法和小数除法中也遇到过。十位不够除时，把1个十，变成10个一；十分位不够除时，把1个十分之一变成10个百分之一。

小结：同学们说得真好，在学习新知识时能够和以前的知识相勾联，找到共通之处。其实分数除法和整数、小数除法一样都是在平均分计数单位的个数，如果不能恰好平均分，就要把分数单位变小继续分。

【案例分析】

分数除法是小学阶段除法运算教学的最后一部分，也是最难理解的一部分。难在理解当分数单位个数不能平均分时就要变换小的分数单位继续分的道理。

案例中，教师从细分计数单位的角度帮助学生明理，紧紧抓住"变换"这个关键，从"为什么变换？怎么变换？"两个问题入手，帮助学生理解计数单位变换的道理。

首先，借助问题理解"为什么变换"。"把4个$\frac{1}{5}$平均分成3份，与前面我们学过的题目$\frac{4}{5} \div 2$相比，这道题给我们设置了什么困难？"此问题问在了知识的生长点上，其目的是激活学生变换计数单位的经验，唤醒学生变换计数单位就是为了能够平均分计数单位个数的认知。"为什么变换"这个难点学生破解了，就相当于帮助学生推开了探寻分数除法本质的大门。

其次，借助学具理解"怎么变换"。"分数单位的个数不能正好平均分了，那平均分分数单位的个数就真的行不通了吗？请同学们想办法解决一下？"直指知识本质的问题再次激活学生的思维，想办法说清楚变换分数单位可行的道理，成为此时学生最迫切要解决的问题。学生借助学具操作，变换分数单位，寻找分数单位变换的依据，让分数单位个数平均分的过程得以实现。问题的解决，不仅使学生理解了分数除法的本质，更深化了对"计数单位"的认识。

为了帮助学生更深层次地理解"计数单位"是形成计算教学良好认知结构的核心，教师在学生理解了分数除法计算的道理之后，进行了勾联：像这样细分计数单位的情况，我们还在哪儿遇到过？使学生进一步地明确了数的运算的核心本质：计数单位的变换。

第二节　基于数学关键能力的案例分析

数学关键能力是数学学科核心素养的重要组成部分，也是数学课程的价值所在。数学关键能力的培养有利于激发学生的学习兴趣，增强他们的学习信心；有利于培养学生自主学习的能力，提升学习效率；有利于引导学生用数学的眼光发现问题，用数学的思维分析和解决问题，增强学生的数学意识，提高学生的实践应用能力。

虽然各个国家对关键能力的内涵界定不尽相同，但是却都指明了关键能力必须是处于中心位置的、最基本的、可迁移的、能起决定作用的能力。对于我国小学数学教育来说，我们认为数学关键能力是指在数学知识的积累、数学方法的掌握、运用和内化的过程中，学生以数学的视角发现问题、提出问题，用数学的思维分析问题，用数学的方法解决问题的能力。其主要包括运算能力、空间观念、数据分析观念、推理能力、应用能力（抽象能力）。本节内容，将围绕数感、空间观念、运算能力、数据分析观念、推理能力等几种能力，用案例的形式来阐述这几种能力在教学实践中如何落实与培养。

一、什么是数感？怎样理解数感？

《课标》中这样定义数感：数感主要是指关于数与数量、数量关系、运算结果估计等方面的感悟。建立数感有助于学生理解现实生活中数的意义，理解或表述具体情境中的数量关系。

《课标》在总体目标中还提出要使学生"建立数感、符号意识和空间观念，初步形成几何直观和运算能力，发展形象思维与抽象思维。""数"就是数学符号，因此从中我们不难理解"使学生经历用数来描述现实世界的过程"就是学生建立数感的过程。

案例一

"11~20各数的认识"片段

——巧用直观模型，培养数感

小学生的思维方式以直观形象为主，要想让学生理解抽象的数，"可看见、可触摸"的直观模型是学生获取感性认识的重要途径，尤其在低年级更为适用。一年级上册"11~20各数的认识"这节课就是巧妙地利用直观模型的形象化特征，把抽象的、难以表达的数概念以易于接受的形式表现出来，以此帮助学生发展数感。

【案例描述】

倪老师让学生数完11~20各数后，又设计了"给数找家"和"辨11"的操作情境。教师在黑板上出示一条线，亲切地说道："在这里住着我们的数朋友。我们先把10和20送回家。"

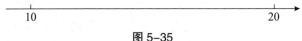

图 5-35

师：每位同学的手里也有一张卡片，你能帮助它们找到家吗？请同学们听清老师的口令把你手中的数朋友送回家。

（1）15在哪里？请你把它送回家？为什么要把它贴在中间？

（2）18在哪儿？为什么离20近一点？怎么不离10近一点儿？

（3）15的邻居快出来。

（4）比10大比14小的数请回家。你们能不能排着队走上去？

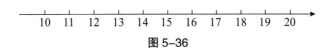

图 5-36

在教师富有儿童特色又能引发学生思考的问题中，学生们高高兴兴地把数都送回了家。

【案例分析】

数线，是教师们在教学中经常用到的直观模型。可别小看这简简单单的一条线，它既能表达出数与形的对应，又能表达出估数方法的渗透，估数是要有标准、有参照的。

案例中，教师为了调活学生学习的积极性，充分运用了数线模型的特点，创设了"给数找家"的游戏活动。一连串富有挑战性的、能引发学生思考的问题：15 在哪里？请你把它送回家？18 在哪儿？为什么离 20 近一点？怎么不离 10 近一点儿？将学生对数的感觉——激发出来，这种迸发既有对数意义的理解、大小关系的把握，还有一些方法的运用。运用数线模型直观、可视的特点，将学生思维碰撞的痕迹表露出来，贴合了学生认知的特点，使学生在加深对数的直观感觉中不知不觉地建立了数感。

案例二

"认识小数"

——巧用直观模型，培养数感

数感是一种主动地、自觉地理解数和运用数的意识，要想让小学生理解抽象的数，直观模型可以使抽象化的认数教学直观形象起来。三年级教学"认识小数"这节课就是巧妙地利用直观模型的形象化特征，把抽象的、难以表达的数概念以易于接受的形式表现出来，以此帮助学生发展数感。

【案例描述】

上课伊始，教师边在黑板上写 0.1 边问学生：0.1，你们是怎么理解的？在题纸上画一画、写一写，表达出你们心目中的 0.1？

之后，教师选择了几幅用不同模型表达的 0.1 贴在黑板上（图5-37），并请学生说说是如何画图表达 0.1 的意思的。

生1：人民币模型　　　　生2：数线模型

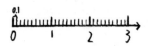

生3：面积模型　　　　生4：长度模型

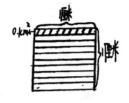

图 5-37

生1：把1元平均分成10份，其中的1份是1角，用0.1表示。

生2：把1平均分成10份，其中的1份用 $\frac{1}{10}$ 表示，是0.1。

生3：这个长方形表示1平方厘米，把它平均分成10份，1长条就是0.1平方厘米。

生4：这条线段表示1分米，把它平均分成10份，其中的1份就是0.1分米。

学生们用不同的模型，表达出了对0.1的认识，在自主绘制心中的0.1的活动中加深了对0.1含义的理解。在此基础上，教师追问：你还能在图中看到零点几？什么意思？

生1：我在数线中看到了0.3，每小段表示0.1，这样的3小段表示

3 个 0.1 是 0.3。

生 2：我看到了 0.9，在这个长方形中 (面积模型)，1 个长条表示 0.1 平方厘米，9 个长条里面有 9 个 0.1，表示 0.9 平方厘米。

生 3：我在数线里看到了 1.1，您看这一大格是 1，这一小格是 0.1，合在一起是 1.1。

……

面对学生活跃的思维、清晰的理解，教师又提出了追问："在你们说这些小数意思的时候，你们觉得哪个小数最重要？"此时，全体学生异口同声地说：0.1。

【案例分析】

案例中，教师为了调动学生学习的积极性，创设了"画出你心中的 0.1"这一活动。学生借助直观模型，如人民币模型、数线模型、面积模型或者长度模型，表达了对 0.1 的理解。模型的直观、可视的特点，把学生的思维清晰地表露了出来，既贴合了学生的认知特点，又加深了对 0.1 这个小数意义的理解。

随后，教师因势利导，通过一连串的问题：你还能在图中看到零点几？什么意思？在你们说这些小数意思的时候，你们觉得哪个小数最重要？通过这一连串富有挑战性的、能引发学生思考的问题，鼓励学生借助直观模型，再次深化对 0.1 的认识，感受 0.1 存在的重要价值，学生对数的感觉也在不知不觉中丰满了起来，发展了数感。

案例三

"比例尺"片段

——解决真问题，培养数感

问题是数学的心脏，创设富有挑战性的真实问题，是促进学生积极主动探索新知识的一把金钥匙。在六年级学习"比例尺"时，教师为学生提供了一个实际生活中的真实问题，引导学生运用数学的眼光观察生活,自觉地将数学问题与现实生活联系起来,在现实情境中发展了学生的数感。

【案例描述】

上课伊始,教师和学生交流:同学们,前几天我们学习了有关比例尺的知识,老师这里有一个问题希望大家帮我解决一下。教师出示问题:在一幅比例尺是1∶600的图纸上,一个长方形操场长为6厘米,宽为4厘米。这个操场的实际面积是多少?

学生通过自主探究,得到以下几种解决问题的方法。

（1）6×600=3600（厘米）=36（米）,

        4×600=2400（厘米）=24（米）,

        36×24=864（平方米）。

（2）6×4=24（平方厘米）,

$$24÷\frac{1}{600}=24×600=14400（平方厘米）=1.44（平方米）。$$

面对学生的方案,教师提出了质疑:似乎两种解法都各有道理,但结果为什么不同呢?面对教师的提问,学生积极地表达了自己的思考。

生1:第一种方法是正确的,第二种方法不对。因为我觉得它不符合实际,一块操场怎么可能只有1.44平方米,全校学生怎么站得下呢?

生2:我也认为第二种方法是错的,因为比例尺是相对长度来讲的,而不是面积。

生3:我觉得求实际面积应分别先算出长方形实际的长与宽,第二种方法是不对的。

生4:第二种方法这样改一下就对了。

$$24÷\frac{1}{360000}=24×360000=8640000（平方厘米）=864（平方米）。$$

在教师富有启发性的问题引导下,通过讨论和交流,学生不仅解决了问题,弄清了其中的缘由,还得出了这样一个结论:图上距离÷

实际距离＝比例尺，图上面积÷实际面积＝比例尺^2。

【案例分析】

在解决"操场实际面积是多少"这个真实的问题时，学生给出了两种截然不同的答案，就此，教师顺势提出"似乎两种解法都各有道理，但结果为什么不同？"这个挑战性的问题，引发了学生的思考。在问题的驱动下，学生首先谈道操场不可能只有 1.44 平方米，这是学生结合生活经验来判断操场的大小，说明学生对数的感觉在六年的数学学习中已经悄然融入学生的思维中。接着学生又通过对 1∶600 这个比例尺的理解，想到应是长和宽同时按比例变化，求面积时就应将比例尺变为 $1^2∶600^2$ 才对。创设真实的问题情境，在解决真问题中引发学生从不同角度探求真知，在获得解决问题办法的过程中，再次发展了学生的数感。

案例四

"1000 以内数的认识"片段

——创设估数情境，培养数感

估数是介于推理和猜测之间的心理活动，其中估数方法的掌握与有效运用是实现推理到猜测的中介。在教学二年级"1000 以内数的认识"时，教师通过创设估数的情境，在观察、比较等活动中激活学生的估数方法，形成对数的鲜活的表象，以增强对数和数量的敏感程度，从而发展学生的数感。

【案例描述】

在教学"1000 以内数的认识"这节课时，教师在练习中创设了估数的问题情境（图 5-38），并提出了要解决的问题：如果用一个小正方体表示一个人，下面哪幅图可以表示 213 人？

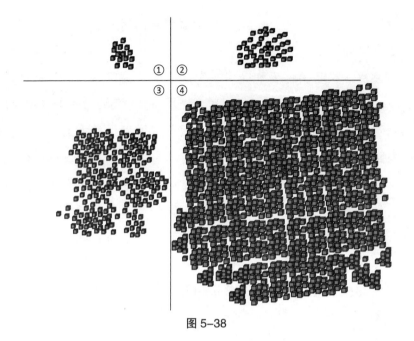

图 5-38

学生不约而同地说第三幅图。面对学生的说法，教师进行了追问："你们干吗都选择第三幅图，而没有人选择其他三幅图？"

生1：我是以图②为标准，大概有30多或40多人，第三幅图大概有5个图②这么多，所以我觉得图③是213人。

生2：老师，我凭感觉猜的，前两幅图太少了，肯定不够213，第四幅图显然太多了，密密麻麻的，我就觉得第③幅图像200多人。

面对学生的想法，教师进行了及时地引导：大家说得都很有道理。其实图②有42人，以图②为标准和其他几幅图比较，一下子就知道答案了，看来找标准进行估数是个好方法，当然有的同学能够用排除法进行估数也是很不错的方法。到这儿，教师没有结束教学，而是话锋一转问：第四幅图，大约有多少人？

生1：我觉得800多人。

生2：1000人左右。

生3：我也觉得1000人左右。

【案例分析】

学生能掌握估数方法，并能够灵活地运用，对于发展数感可以起到积极的促进作用。教学中，教师创设了贴近学生思维的估数情境：四幅图中，哪幅图可以表示213人？意在让学生在寻求多种解决问题的估数方法中，使猜测有根有据，完成从推理到猜测的心理活动，培养数感。学生用多种方法解决了问题，有的学生通过选择适当的标准去估计，根据图②有根有据地推断出是图③，解决了问题；有的学生运用了排除法，图①、图②的小正方体太少，图④又太多，同样有根有据地推断出图③表示213人。通过估数方法的运用，数感便在不知不觉中形成了。为了巩固学生的估数方法，教师又创设了能引发学生深入思考的估数问题：第四幅图大约有多少人？估数方法的正确运用是解决问题的保证。我们的教学应该多创设一些条件，让学生在解决问题的过程中，掌握并运用估数的方法，积累对较大数的感性经验，加深对数的意义的理解，从而有效地发展和培养学生的数感。

二、什么是运算能力？如何理解运算能力？

《课标》指出："运算能力主要是指能够根据法则和运算律正确地进行运算的能力。培养运算能力有助于学生理解运算的算理，寻求合理简洁的运算途径解决问题。"运算技能的主要特征包括正确、灵活、合理和简捷，运算正确是基础，理解掌握运算技能是核心，形成运算能力是目的。

就运算技能而言，《课标》在不同学段的"知识技能"部分都提出了明确的要求，大体分为口算技能、四则运算的笔算技能、运算律、运算性质应用的简算技能及估算技能。运算能力的培养与发展是一个长期的过程，应伴随着数学知识的积累和深化。正确理解相关的数学概念和算理，是逐步形成运算能力的前提。

案例一

"除数是整十数的口算除法"片段

——借助模型明理辨法，培养运算能力

回顾学生以往的计算学习过程，学生的学习是伴随操作模型展开的。模型是沟通理和法的有效桥梁，小棒、格子图、点子图等"直观模型"是学生学习计算时的常用工具，在教学"除数是整十数的口算除法"一课时，教师充分发挥了这些模型的直观作用，在理法沟通中，培养、提升了学生的运算能力。

【案例描述】

上课伊始，教师出示问题情境后，引导学生列出算式 $60÷20$，在学生直接说出结果是 3 的基础上，教师提出了探究性问题：请你用自己喜欢的方式（点子图、格子图、摆小棒、计算等）来说说 3 是怎么得到的。同学们可以用不同的方式表达自己的想法（图 5-39）。

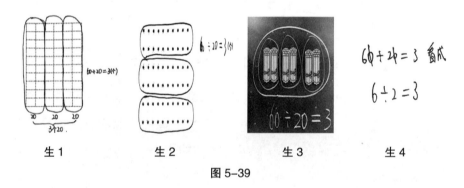

| 生 1 | 生 2 | 生 3 | 生 4 |

图 5-39

生 1：一共有 60 个格子，我每 20 个圈一份，60 里面正好有 3 个 20，所以等于 3。

生 2：我是用点子图来理解的，将 60 个点子，每 20 个圈一圈，正好可以圈出这样的 3 个，所以 $60÷20=3$。

生 3：我用小棒摆，60 根小棒，每 10 根一捆，6 捆是 6 个十；20 是 2 个十，是两捆，6 捆里面有 3 个 2 捆。所以 $60÷20=3$。

在学生借助直观模型充分表达 3 是怎么得到的基础上，老师进行了及时地点评：这三位同学在讲理的过程中，都用到了我们数学学习中最好的伙伴——直观模型，多清楚呀！

生 4：老师，我是把 60 和 20 的一个 0 划掉，用 6÷2 等于 3，得到 60÷20 等于 3 的。

听到这名学生的想法，教师进行了追问：谁能借助前面同学们画的图说一说 6÷2 等于 3，怎么就能说明 60÷20 也等于 3 呢？

生 5：我拿小棒图说，这个 6（指着算式 6÷2=3）表示 6 个十，是这 6 捆小棒，2（指着算式 6÷2=3）表示 2 个十，是这 2 捆小棒。6÷2=3 就是 6 个十除以 2 个十等于 3，也就是 60÷20=3。

生 6：我来给他补充一下，这个计算方法是把 60 个一除以 20 个一转化成了 6 个十除以 2 个十。就是把计数单位由"一"变成了"十"，所以 60÷20 相当于 6÷2，6÷2 等于 3，60÷20 也等于 3。

面对学生的发言，教师及时进行小结：同学们通过算式和直观模型相结合的方式解释清楚了"6÷2 等于 3，60÷20 也等于 3"。以后我们在计算这样的整十数除以整十数的问题时，就可以像这样，将较小的计数单位转化成较大的计数单位之后，再用口诀算出得数。

【案例分析】

对于 60÷20，很多学生都是用 6÷2 算出 3 的，也就是说如何计算其实不难，但是，我们的学习不只是让学生会算，掌握方法，还要让学生理解方法背后的道理，也就是说知其然还要知其所以然。教学中，教师充分地运用直观模型——小棒、点子图、格子图，生动、形象地解读了算法背后的道理。当有的同学说道："老师，我是把 60 和 20 的一个 0 划掉，用 6÷2 等于 3，得到 60÷20 等于 3 的。"在此基础上，教师没有结束教学，而是追根刨底："谁能借助前面同学们画的图再来说一说 6÷2 等于 3，怎么就能说明 60÷20 等于 3 呢？"其目的是让学生明理。有的学生说:"6表示6个十,是这60根小棒,2表示2个十,是这20根小棒。6÷2=3就是6个十除以2个十等于3,也就是60÷20=3。"不仅如此,还有的学生给进行了补充:"这个计算方法是把60个一除以20个一转化成了6个十除以2个十,就是把计数单位由'一'变成了'十',所以60÷20相当于6÷2,6÷2等于3,60÷20也等于3。"将抽象的算法借助模型表达出来,实现了法理的相融,学生的运算能力就是在这样循序渐进、逐步加深的过程中得到培养和提升。

案例二

"乘法分配律"片段
——寻求运算途径,培养运算能力

在实施运算分析和解决问题的过程中,运算律发挥了不可或缺的作用。运算律是通过对一些等式的观察、比较和分析而抽象、概括出来的运算规律。应用运算律进行简便计算是进行合理简洁的运算途径之一。四年级"乘法分配律"一课中,教师通过创设让学生寻求合理简洁运算途径的问题情境,优化运算策略,深化学生对乘法分配律的认识,从而培养运算能力。

【案例描述】

学生在学习了乘法分配律之后,教师设计了踏青赏春、排队游园的问题情境(图5-40)。

图5-40

然后提出了要解决的问题：这些人买票一共要花多少元？学生在解决的时候出现了以下几种情况。

生1：25×（37+3）=1000（元）

生2：25×37+25×3=925+75=1000（元）

生3：25×37+25×3

=25×（37+3）

=25×40

=1000（元）

面对学生的想法，教师引导学生进行了讨论：对于这几位同学的想法，你们有什么想说的吗？

在交流讨论中，学生发现生1的算式简单易算；生3和生2的列式一样，但是生3在计算的过程中利用了乘法分配律，算的时候比生2要容易。这时，教师故作疑惑地问：解决这个问题，你们是怎么想到用乘法分配律的？

生4：因为25和40是好朋友，37和3相加正好是40。

生5：我列完算式，发现这道题的数有特点，37加3是40，40和25相乘是1000。

此时，教师适时地进行了小结：我发现同学们都特别会学习，拿到题不是直接做，而是先观察数据特点，然后运用乘法分配律进行计算，真了不起。

在学生进一步理解乘法分配律之后，教师提高了问题的难度：公园售票窗口，每张票还是25元，现在有99人在排队买票。买门票一共要花多少元呢？计算的时候学生都用到了运算律。

生：25×99

=25×（100-1）

=25×100-25×1

$$=2500-25$$

$$=2475（元）$$

面对学生的算法，教师进行了追问：你们干嘛都把 99 想成 100-1，用乘法分配律来算呀？

生 1：25 和 99 乘还得用竖式计算，25 乘 100 一下子就算出来了，这样做简单。

生 2：我和他想法一样，利用乘法分配律，把 25×99 变成 25×（100-1）使计算变得简单了。

生 3：因为算式中的 99 离 100 只差 1，先算 25 乘 100，再减多算的 1 个 25，可比 25 直接乘 99 好算多了。

……

【案例分析】

众所周知，运算律可以帮助学生提高运算速度，但如何引导学生自觉地根据数据特征选择运算方法，不是一件简单的事情，因为它反映出的是关于运算方法选择的策略水平。

教学中，教师创设了能让学生灵活计算的问题情境：买门票一共要花多少元？在解决第一个买票问题时，有的学生列出的算式直接用到了凑整法，把两部分的人合并在一起，再算花了多少元钱；有的学生是计算时用到的，还有的学生列式和计算都没有用到。面对学生的想法，教师不仅引导学生进行对比，使学生感受到运用乘法分配律进行运算要简单得多，很有说服力地帮助学生进行了运算策略的优化。更为可贵的是，教师没有把教学停留在知道乘法分配律可以使计算简单上，而是引导学生说清楚是怎么想到用乘法分配律计算的，其目的在于引导学生发现数据的特点，提高学生对数据的敏感度。有了对数据的敏感度，学生才会自觉地根据数据特点选择运算方法，运算能力才会提升。

随后，在解决 99 人买票的问题时，面对学生的算法，教师再一次紧紧地抓住不放，进行思维的撬动："你们干嘛都把 99 想成 100-1，用乘法分配律来算呀？"在交流讨论中，学生再一次体会到数据的重要性，用好数据，选择好运算律，能够使运算更加简洁。

在这样递进的教学情境中，不仅提高了学生对数及其运算的敏感度，巩固了运算定律，而且还真切地使学生体会到寻求合理简洁运算的好处，运算能力得到了进一步的培养和发展。

案例三

"用估算解决问题"

——重视估算策略，培养运算能力

估算是日常生活中人们广泛应用的一种计算方法，能缩短解决问题的时间。估算也是运算能力的重要组成部分，是培养学生运用多种策略解决问题从而形成运算能力的另一片沃土。三年级下册的"用估算解决问题"一课，教师结合问题情境，凸显估算在实际背景中的价值，引导学生体会估算策略的合理性，增强学生的估算意识，从而进一步发展学生的运算能力。

【案例描述】

上课伊始，教师直奔主题引出本节课的内容"解决问题"，在出示主题图 5-41，引导学生审读信息后，教师提出要求：请选择你喜欢的方法解决"18 个纸箱够装吗？"这个问题。

图 5-41

教师请学生们在黑板上展示了他们解决问题的方法：

方法一：

$$18 \times 8 = 144 < 182 \quad 不够$$

方法二：

$$182 \div 8 = 22(箱) \cdots\cdots 6(个) \quad 不够$$

方法三：

$$182 \div 18$$

（学生停住不做，因为不会算了）

方法四：

$$18 \approx 20 \quad 20 \times 8 = 160 < 182 \quad 不够$$

方法五：

$$8 \approx 10 \quad 10 \times 18 = 180 < 182 \quad 不够$$

方法六：

$$18 \approx 20 \quad 8 \approx 10 \quad 10 \times 20 = 200 \quad 够$$

面对学生们这么多的方法，教师没有急于提问题，而是先请学生们自己看懂每一种方法，然后提问：有的同学是用精算解决的，有的同学是用估算解决的，这么多方法，你最欣赏哪个方法？说给大家听听。

生1（指着方法一）：我最喜欢第一种方法，他准确地算出18个纸箱一共可以装144个菠萝，再通过比较大小，就知道18个纸箱一定装不下182个菠萝了。

生2（指着方法四）：我最欣赏第四种方法，他把18个纸箱看成20个，20个纸箱能装160个菠萝，所以装不下182个。这样做，口算就能解决问题，又快又简单，所以我欣赏这种方法。

生3（指着方法五）：我喜欢方法五，他把每箱可以装8个菠萝看成10个，18个纸箱才能装180个菠萝，所以装不下182个，和方法四一样，这样做一下子就能计算出结果。

……

面对学生有条有理地讲解，教师没有就此做出总结，而是故作疑惑地继续追问："有的同学把18看成20，有的同学把8看成10，'数'都不准确了，他们这样做能解决问题吗？"

生4：能解决，方法四把18看成20，是往大了看的，20乘8等于160，往大了看，才只能装下160个菠萝。

生5：方法五也是这个意思，把8往大了看成10，有这样的18箱，一共可以装180个，跟182一比就知道装不下。

生3：题目只是问够装吗，他们把8看成10，或者把18看成20，好计算，一下子就比较出到底够不够装。

……

在学生们兴致勃勃地表达自己想法的时候，教师适时地打断说："你们都说估算好，算得快，第六种方法也是估算呀，怎么没人说它好呀？"

学生争先恐后地回答：

生1：方法六的答案不对，应该是不够装。

生2：他把箱子数和每箱的数量都往大了估，得出来的数就大多了，不好说够不够了。

此时，根据学生的回答，教师给予学生充分的肯定："你们都很会思考，没错，这道题无论是用精算还是估算都可以解决问题。正如大家所说的，这道题用估算解决更加快捷。我们在用估算解决问题的过程中，也要注意结合具体情境考虑估算方法的合理性。"

【案例分析】

估算是一种近似的计算，具备变通性与灵活性，估算能培养学生洞察事物本质、正确判断计算结果的合理性等能力。所以，教学中，我们应该加强估算策略的渗透，让学生体会估算的意义和作用。

课例中的"18个纸箱够装吗？"是个很好的问题情境，解决这个问题对于三年级学生来说并不困难，但在众多方法中进行优化、感悟估算的价值对学生来说是个挑战。片段中教师设计三个层次引导学生体会估算的价值。第一个层次，用欣赏的眼光去看待同学们多种多样的解决办法。交流中，学生发现，估算也可以解决问题，而且更加简洁。因此学生心中的天平慢慢倾向于不仅能够解决问题而且更加方便快捷的估算这一边，学生优化方法的同时，也感受到估算也是解决问题的一种途径。第二个层次，教师趁热打铁继续追问"'数'都不准确了，他们这样做能解决问题吗？"在交流讨论中，学生再次感受到估算的合理性和可行性，同时体会到估算方法的多样化。第三个层次，教师创设了辨析的情境，通过对方法六的探讨，让学生进一步体会到在用估算解决问题时，估算策略的合理性至关重要，使学生对估算意义和方法的认识更加完整。

完整的估算活动应该是一个融入现实情境，激发学生的估算需求，继而根据数据进行简捷性运算，并最终根据运算结果加以判断，做出结论的过程。在这样的活动中，学生逐渐丰富了解决问题的策略，也开始重视估算，进而水到渠成地发展了运算能力。

三、什么是空间观念？如何理解空间观念？

所谓空间观念是在空间感知的基础上形成的，关于物体的形状、大小和相互位置关系在人头脑中的表象，它是以"图形与几何"领域的内容作为主要载体在学生头脑中逐渐形成的。

《课标》中对空间观念分为四层论述：空间观念主要是指根据物体特征抽象出几何图形，根据几何图形想象出所描述的实际物体；想象出物体的方位和相互之间的位置关系；描述图形的运动和变化；依据语言的描述画出图形等。

案例一

"轴对称图形"片段

——在观察与操作中，发展学生的空间观念

小学生空间观念的形成过程具有直观性，他们往往要借助观察与操作活动来帮助理解抽象的几何概念。在教学二年级下册"轴对称图形"时，教师就创设了多样化的观察与操作活动，帮助学生认识、理解轴对称图形的概念。

【案例描述】

片段一：创作对称图形

上课伊始，教师先拿出一张白纸，问学生："如果是你的话，你会怎么玩？"这顿时激发了学生们的兴趣，他们争先恐后地说出自己的想法，有人说我想折个飞机，有人说我想画一幅漂亮的画，还有人说我想写一个大字。这时教师带着微笑，神秘地说："想知道老师怎么玩这张纸吗？瞧仔细了啊！"接着教师按如下步骤进行了操作：

第一步，先把这张纸对折。

第二步，然后任意撕掉一部分。

教师提出："猜猜，可能是什么？"当学生都猜出是"心"形图案时，教师顺手将图案贴到黑板上，问道："你们愿意像老师这样玩吗？"学生都跃跃欲试，信心满满，积极参与到操作活动中来。

片段二：通过观察，探索对称图形的特征

教师把学生的作品贴在黑板上，引导学生进行观察。

第一层：观察、比较，初步感受特点。

1. 如果我们把这些作品看作一个个图形的话，大家看看这些图形有什么不同？

生1：有的是树，有的是人，样子都不一样。

生2：树大一点儿，其他的都小一点儿。

生3：它们有植物，有玩具，这些是不同的。

2. 确实像你们说的那样，这些图形的形状不一样，大小也不一样，那有没有相同的地方？

生1：我们都是经过对折，撕掉一部分，再打开得到的。

生2：打开的那两边都一样。

第二层：认识对称图形。

1. 刚才同学们都说两边一样，两边什么一样？

生1：大小一样！

生2：这边出来一块，那边也出来一块，这边是弯的，那边也是弯的。

2. 小结：没错，我们可以说这是形状一样。当我们把它们沿着原来的方向折回去，就会发生这样的现象，像这样对折边沿完全一样，在数学上这叫"完全重合"。

3. 你手中的作品有这样的特点吗？沿着折痕折一折，看一看。

4. 谁到前边来边说边展示给大家看？

5. 小结：像这样，对折后，两边的边沿完全重合的图形，我们就叫作对称图形。

【案例分析】

案例中，教师抓住了学生好动爱玩的特点，通过折纸、有规律的撕纸、"猜一猜"等活动，在激发学生学习兴趣的同时，通过观察，帮助学生在头脑中初步形成对对称图形的感知。之后，创设了观察、辨析的活动，引导学生发现这些图形对折后两部分大小相同、形状也相同，由此进一步感知、理解对称图形的特点。通过有目的地观察与操作活动，对称图形的表象就在学生头脑中清晰地建立了起来，关键是当学生再遇到这种问题时，能自觉地在脑子里完成对折的过程，来帮助识别是否是对称图形。帮助学生形成自觉地在脑子里完成对折的过程，其目的就是在培养学生的空间观念。

案例二

"观察物体"片段
——在观察与想象中，发展学生的空间观念

观察是思维的触角，直达事物本质的观察是学生形成空间感知的基础。想象是发展空间观念的重要思维活动，是思维的翅膀，是更高层次的空间观念的表现。教学二年级"观察物体"一课时，教师就为学生提供了足够的时间和空间，让学生去观察与想象，发展了学生的空间观念。

【案例描述】

在教学"观察物体"一课时，教师创设了一个"小小摄影师"的实践活动：在每个小组的正中间都摆放了一个毛绒小熊，让同组的四个学生在自己的位置进行"拍照"。之后，教师请学生说说拍到的照片的样子。

生1：我拍到了小熊的两只耳朵、一双圆眼睛、小鼻子、嘴巴，还有胖胖的身子和两条腿。

生2：我拍到的是小熊的后脑勺和后背。

生3：我是在小熊的侧面拍照的，我拍到的是小熊的那个侧脸，还有一只耳朵、一只胳臂、一条腿。

生4：我拍到的和他拍到的一样，也是在侧面拍的。

面对学生的不同描述，教师进行了如下的追问。

1.都是这只小熊，怎么同学们拍到的照片样子不一样呀？

2.如果让你们换位置继续拍照，想象一下你们拍到的小熊的照片

可能是什么样的。

生 1：我会拍到小熊的一双圆眼睛、鼻子、嘴，因为我想在小熊的前面拍照。

生 2：我想站在小熊的侧面拍照，我会看到小熊的一只耳朵、一只胳臂、一条腿。

……

【案例分析】

案例中，教师创设了"小小摄影师"的实践活动，在唤起学生已有的生活经验的同时，让学生在实际的观察活动中，认识到在不同位置观察到的物体的形状可能是不同的，使学生大脑中形成了一定的空间内容。之后，教师提出："如果让你们换位置继续拍照，想象一下你们拍到的小熊的照片可能是什么样的？"一石激起千层浪，学生的想象空间被充分激活，有的说："我会拍到小熊的一双圆眼睛、鼻子、嘴，因为我想在小熊的前面拍照。"有的说："我想站在小熊的侧面拍照，我会看到小熊的一只耳朵、一只胳臂、一条腿。"一幅幅照片和"小熊"紧密地联系在了一起。在观察与想象的活动中，学生逐渐清晰了所观察物体的表象，空间观念也在这样的活动中逐渐充实和丰满了起来。

案例三

"圆柱的体积"片段
——在操作与推理中，发展空间观念

空间观念的培养离不开操作，也离不开有依据的推理，操作是形成图形表象的基础，图形表象需要在推理中完成建模。在六年级学习"圆柱的体积"一课时，教师为学生提供了可动手操作的学具：切割好的圆柱形茄子。利用长茄子直观、易操作的特性，让学生在理解图形变化前后的关系后，推理出圆柱的体积公式，让学生的空间观念在操作与推理中得到发展。

【案例描述】

在教学"圆柱的体积"这节课时,其中有一个环节是让学生解决"用橡皮泥捏出的圆柱的体积是多少"。学生根据以往的经验想到用排水法、根据特性捏成长方体、利用公式计算等方法。教师在肯定了学生的方法之后,又提出了更加有挑战性的问题:如果将橡皮泥捏的圆柱换成大型的圆柱形木桩,它的体积怎么求?学生们议论纷纷,很多学生提议用体积公式 *V=Sh* 来求圆柱形木桩的体积。围绕这些学生的提议,教师就此抛出了探究问题引发思考:"看来大家都知道圆柱的体积公式是底面积乘高,那你们能想个办法说清楚,圆柱的体积公式怎么就是底面积乘高了呢?"教师给各组提供了两根同样大小的圆柱形状的茄子,一个用来切割,另一个用来对比参照,尝试推导圆柱的体积公式。

学生通过探究,纷纷表达了自己的想法。

生1:我们组把圆柱沿着底面直径切开,切成了8等份,拼成了一个近似的长方体,经过和没有切割的茄子进行对比,我们发现形状发生了变化,但体积没变。这个拼成长方体的底面积等于圆柱的底面积,高就等于圆柱的高,长方体的体积等于底面积乘高,所以圆柱的体积也等于底面积乘高。

生2:我们组把圆柱沿着底面直径切开,切成了16等份,拼成了一个近似的长方体,我们发现形状发生了变化,但体积没变。也得到了前面一组同学的结论,圆柱的体积等于底面积乘高。

图 5-42

师：同学们都通过操作得到了圆柱的体积等于底面积乘高，我们来看看这两组同学的操作有什么不同？你有什么发现？

生：这两组同学分的份数不同，分的份数越多，拼成的图形就越接近长方体。

师：有价值的发现！现在请同学们闭眼想象一下，我们把圆柱按这样的方式等分成64份再拼，会怎样？128份呢？256份呢？

……

【案例分析】

教学中，教师从学生的实际认知出发，为学生准备了能够动手操作、直观体验的学具：两个用茄子切成的圆柱，用来帮助学生理解圆柱的体积公式的由来。两个用茄子切成的圆柱，各有妙用：一个供学生用来切、拼，切成8份、16份，让学生直观感受到，切的份数越多，拼成的图形就越接近长方体；另一个用来帮助学生与转化成长方体的茄子进行对比，以此找到两个图形之间的联系，把新知识转化成旧知识，推导出圆柱的体积，进一步说明圆柱的体积公式的由来。之后，教师让学生闭眼想象：把圆柱等分成64份、128份、256份……极限思想和空间想象力就这样一点点根植于学生心中。操作与推理的有机结合，不仅帮助学生建立了立体图形间的变化关系，还发展了学生的空间观念。

四、什么是数据分析观念？如何理解数据分析观念？

《课标》对数据分析观念的含义做了如下阐述："数据分析观念包括了解在现实生活中有许多问题应当先做调查研究，收集数据，通过分析做出判断，体会数据中蕴含着信息；了解对于同样的数据可以有多种分析的方法，需要根据问题的背景选择合适的方法；通过数据分析体验随机性，一方面对于同样的事情每次收集到的数据可能不同，另一方面只要有足够的数据就可能从中发现规律，数据分析是统计的核心。"

在阐述中，我们不难看出，数据分析观念包含着三层意思：经历数据分析的过程，体会数据中蕴含着信息；掌握数据分析的基本方法，根据问题的背景选择合适的方法；通过数据分析感受数据的随机性。

案例一

"平均数"片段

——经历数据收集整理的过程，发展数据分析观念

平均数是统计学中最常用的统计量，表示的是一组数据的整体趋势。理解平均数的内涵，离不开数据的支撑，需要经历数据的收集、整理、分析的过程。在四年级"平均数"这节课的学习中，教师就创设了现实生活中的一个真实的情境，带领学生经历数据收集、整理的过程，感悟平均数的统计意义，培养学生数据分析观念。

【案例描述】

上课伊始，教师抛出了一个现实生活中的真实规定：北京市规定身高 1.3 米以下的儿童免票乘车，并提出了探究性的问题——假如公交系统请你们来帮忙制订这个标准，在制订标准之前你们想先干点什么？并出示了几组数据，带领学生感受数据是制订这个标准的依据，以此理解平均数的意义。

片段一：出示一个小组的数据，初步体会平均数的趋中性

教师出示了如图 5-43 所示的统计图，让学生去找这个小组的平均身高大约在这幅图的什么位置？在学生不同的答案中，教师又启发学生，让学生在这幅图上写一写、画一画，看看这个小组的平均身高到底在哪儿？

建东苑幼儿园大一班学生第一小组身高情况统计图

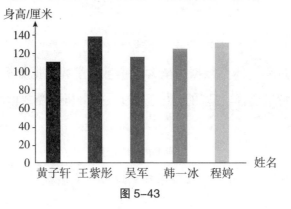

图 5-43

在学生通过计算、画找到一个小组的平均身高后，为了让学生感受数据在平均数中的重要性，教师又设计了第二个环节。

片段二：再次收集数据，感悟平均数的统计意义

在这个片段中，教师提出了如下几个问题让学生思考。

1. 现在这个组的平均身高我们知道了，能不能制订标准了？

2. 这是建东苑幼儿园大一班所有小朋友的身高数据，你们觉得这所幼儿园大一班所有小朋友的平均身高在这幅图的哪儿呢？（图5-44）

建东苑幼儿园大一班学生身高情况统计图

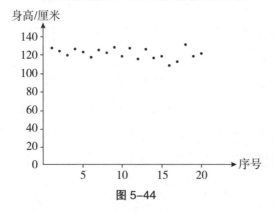

图 5-44

3. 这个班的数据有了，平均数也算出来了，这回能制订北京市的免票标准了吧！

生 1：不行，制订北京市的免票标准，一个班的数据太少。

生 2：数据太少了，多找几所幼儿园学生的数据。

生 3：几所也不够，得再多找些。

【案例分析】

案例中，教师引入生活中学龄前儿童免费乘车政策的真实情境，借助直观统计图，采用问题驱动的方式展开研究，让学生在不断收集数据、整理数据的过程中，感受"大数据"对平均数的重要性以及数据的随机性对平均数的影响。从收集一个组 5 个人的身高数据，到大一班所有小朋友的身高数据，到让学生发自内心地说出：不行，制订北京市的免票标准，一个班的数据太少；数据太少了，多找几所幼儿园学生的数据；几所也不够，得再多找些。范围的扩大，数据的增多，加深了学生从统计学的角度去理解平均数的意义，进而推断决策问题，发展学生的数据分析观念。

案例二

"数据的收集与整理"片段

——识别图表价值，发展数据分析观念

在统计的学习中，将收集的数据进行整理表达，常用的是各种统计表和统计图，让学生了解、感受统计图和统计表各自的特点和作用是培养学生数据分析观念不可或缺的过程。二年级的"数据的收集与整理"这节课，教师就提出了一系列指向清楚的问题，采用抢答的活动，引领学生在解决问题的过程中感受统计表、统计图的作用，发展学生的数据分析观念。

【案例描述】

课上，教师带领学生将调查到的全班最喜欢吃哪一种水果的情况分别用统计图和统计表进行描述，并同时呈现在黑板上后（图 5-45），教师创设了看图表抢答问题的活动。

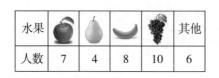 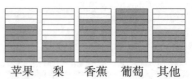

图 5-45

师：喜欢吃什么水果的人最多？

生：喜欢吃葡萄的人最多。

教师马上追问：你反应最快，说说你是看的图还是看的表？

生：我看的是图，您看喜欢吃葡萄的人最长。

接着，教师又提了第二个问题：喜欢吃什么水果的人第二多？

生：喜欢吃香蕉的人第二多，我看的也是统计图，因为它第二高。

听到学生毫不犹豫地回答，教师又提出了第三个问题：喜欢吃苹果和喜欢吃香蕉的一共有多少人？听到这个问题，学生有些犹豫，但还是有一部分学生答出：15 人。"这回你们看的是图还是表？"教师追问道。

生：我看的是统计表，表里有数，加起来就行；统计图得先数数，然后才能加。

听到这位学生的答案，其他学生不停地点头。看到学生们如此地笃定，教师进行了适时地引导：你们一会儿说看统计图，一会儿说看统计表，到底看哪个？

生 1：那要看您问什么问题了。您问的问题不同，我们看的就不同。

生 2：条形图能让我们一眼看出谁多谁少。

生 3：求一共多少，统计表里有数，一加就行，条形图不行，得先数出来，然后才能加。

生 4：我觉得求谁比谁少多少，也得看统计表。

……

【案例分析】

认识统计图、统计表，读懂统计图、统计表是发展学生数据分析观念的关键。从这个案例中，我们可以看出，对于统计图、统计表的学习，教师没有停留在表面，认识它们就结束了，而是围绕它们各自的特点和作用带着学生进一步进行研讨，从本质上去读懂它们。在这里，教师直指问题的核心：你们一会儿说看统计图，一会儿说看统计表，到底看哪个？不仅解决了"使学生会读图、读表"的教学任务，还使学生感受到统计图、统计表各自的特点与作用，使学生认识到：统计图、统计表都很重要，只是解决的问题不同，选择的整理表达数据的方法也就不同。在识读图表中，发展了学生的数据分析观念。

案例三

"折线统计图"片段
——重视数据的分析、应用，发展数据分析观念

看见数据会分析，会根据分析出的结论解决生活中的问题，是我们学习统计知识的核心。五年级"折线统计图"教学中，教师选取贴近学生生活实际的情境，从身边的事情入手，让学生能说、敢说、会说。在理解数据背后所蕴含的信息的基础上使学生能够对事物进行合理分析和推断，进而初步建立数据分析观念。

【案例描述】

课始，教师以谈话的形式引入新课："这几天，王叔叔生病了，发烧了好几天。"随着描述，教师呈现出统计表将王叔叔近几日的体温展示给大家，在此基础上和学生们一起研讨绘制出折线统计图，并围绕绘制出的折线统计图（图5-46）展开了一系列的交流。

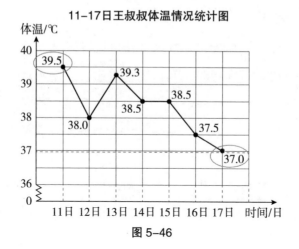

11-17日王叔叔体温情况统计图

图 5-46

师：从统计图中你能看懂什么呢？

生 1：我知道王叔叔量了 7 次体温，每次的体温分别是 39.5 ℃、38.0 ℃、39.3 ℃、38.5 ℃、38.5 ℃、37.5 ℃、37.0 ℃。

生 2：我觉得有几个点就是量了几次体温，也知道了王叔叔每次的体温是多少。

生 3：我知道统计图中的线升高就说明体温变高，12 日到 13 日，就是体温在升高；从 13 日到 14 日，线在下降就说明体温在降低。

生 4：我知道 14 日到 15 日，体温没有变化，您看这条线呈一条水平直线。

生 5：我发现线的变化其实就是王叔叔体温的变化，能看出体温的变化趋势。

至此，教师还紧追不放："王叔叔三天后要坐飞机出差，你们认为可以吗？"

生 1：我觉得可以，那时候王叔叔的病就好了。

生 2：可以，您看统计图中，17 日王叔叔的体温是 37.0 ℃，已经不发烧了，所以可以出差。

生 3：我也觉得可以，大家看，从折线统计图中可以看到王叔叔的体温从 15 日开始呈下降趋势，可以表明他的病情在向好的趋势发展，估计在短期内他就可以痊愈了。

……

【案例分析】

统计学的研究基础是数据。能够依据数据进行分析和推断，并对数据形成感悟，进而发展学生数据分析观念，是学习"统计与概率"领域内容的核心目标。毋庸置疑，数据分析是一种相对枯燥、偏重理性的数学活动。因此，教师从学生熟悉的问题情境出发，激活学生的主动思考，并在对数据的分析、应用的过程中，逐步使学生感受数据的价值。

在分析数据的过程中，教师抓住"读"这个关键，从三个层次引导学生去读懂数据。一是"读"出折线统计图中数据间的比较。比如，各个点所表示的数量各是什么，为什么同样是点，却表示不同的数量，引发学生思考得出折线统计图中"点的位置高低表示数量的多少"，将"读图"环节引入学生的思维深处。二是"读"出折线统计图中数据的整体变化。通过数据分析要让学生清楚明白：折线统计图不仅能反映数量的多少，更能反映数量的增减变化趋势。只有整体读懂图中数据的变化，才能让学生进一步地体会到折线统计图在数据分析中的重要作用。三是推测读。超越数据本身的读取，进行合理的分析与利用。在结合数据进行推断预测的过程中，学生思考："为什么王叔叔可以出差？"在解决实际问题的过程中，教师悄悄地赋予数据以生命，润物无声，让数据开口说话，既培养了学生的数据分析观念，又让学生体会到统计知识和方法在实际生活中的作用，凸显统计知识的应用价值。

案例四

"可能性"片段
——亲历随机现象的过程，发展数据分析观念

在现实生活与实践活动中，数据历来是一种重要的信息，因此用数据描述客观世界中的某些现象已经成为公民的基本素养之一。而统计与概率就是研究随机现象的学科，把握数据分析观念的内涵之一就是通过数据分析，感受数据的随机性。在五年级"可能性"一课的教学中，教师创设了贴近学生生活实际、有针对性而且又有实效的实验活动——摸球，使学生在亲身经历数据收集的过程中感受到数据的随机性，从而发展学生的数据分析观念。

【案例描述】

在学生初步了解什么是可能性事件之后，教师创设了一个需要小组内成员合作完成的实验活动——摸球。提出了活动的要求：每个小组的袋子中都装有红色和蓝色两种颜色的小球，每个组的袋子里装的球是一样的。摸的时候要注意每次摸完球都要放回去摇匀再摸下一次，各组摸球 20 次，并记录下摸到的小球的颜色的次数。

出示各组学生研究的结果记录（表 5-1）。

表 5-1

项目	第一组	第二组	第三组	第四组	第五组	第六组
红色小球	15	9	18	14	10	13
蓝色小球	5	11	2	6	10	7

师：你能根据实验结果，推测一下袋子里什么颜色的球多吗？

生 1：绝大多数小组实验的结果都是红色小球摸到的次数多，蓝色小球摸到的次数少。所以我猜测红色小球的数量多，蓝色小球的数量少。

生 2：个别组摸出的蓝色小球的数量多，所以我猜袋子里蓝色小球的数量多。

面对学生的猜测，教师带领学生把各组得到的数据汇总到一起，如表 5-2 所示。

表 5-2

项目	第一组	第二组	第三组	第四组	第五组	第六组	合计
红色小球	15	9	18	14	10	13	79
蓝色小球	5	11	2	6	10	7	41

提出问题：你能根据全班的数据再次推测一下什么颜色的球多吗？

全班同学：红色小球被摸到的次数多，红色小球的数量多。

面对学生肯定的答案，教师把袋子打开说：还真的是红色小球多，有 15 个，蓝色小球少，才 5 个。猜猜如果我再摸一次，可能会摸到什么颜色的球？

生 1：我觉得可能是红色，因为它的数量多。

生 2：不敢确定，可能是红的，也可能是蓝的。

生 3：虽然红色小球数量多，但也不敢说下一次一定会摸到哪种颜色的小球。

【案例分析】

案例中，教师创设了让学生摸球的实验活动，学生通过每次摸到球的颜色不同，感受到不确定性，在这个基础上，教师引导学生又经历了两次数据的收集和分析，一次是通过收集每个小组摸球颜色的数据，进行观察、分析，使学生进一步体会到每次摸球的结果存在着不确定性，但根据绝大多数组摸到红色小球的数量多，能推测出袋子里装的红色小球多；一次是把各小组摸球颜色的数据统计在一起进行观察、分析，并适时提出：你能根据全班的数据再次推测一下什么颜色的球多吗？在数据面前，学生认识到：只要有足够多的实验次数就会呈现出规律，红色小球摸到的次数多是因为袋子里的红色小球比蓝色小球多，抽出红色小球的可能性就大。这时学生已经在不知不觉中感受到数据是随机的，但随机中也蕴含着规律、趋势。教师又提出：如果再摸一次的话，可能摸到什么颜色的球？学生的答案太精彩了：我觉得可能是红色，因为它的数量多；虽然红色小球数量多，但也不敢说下一次一定会摸到哪种颜色的小球。从学生的"可能、下一次、一定"，就暴露出了学生对随机现象的本质已经有了一定的理解，"概率直觉"已经初步形成。整个活动使学生既能体会到随机现象，又能感受到数据中蕴含着的信息，学生的数据分析观念在这样有趣的实验中得到了升华。

五、什么是推理能力？如何理解推理能力？

《课标》对推理能力有如下阐述：推理能力的发展应贯穿于整个数学学习过程中。推理是数学的基本思维方式，也是人们学习和生活中经常使用的思维方式。推理一般包括合情推理和演绎推理，合情推理是从已有的事实出发，凭借经验和直觉，通过归纳和类比等推断某些结果；演绎推理是从已有的事实（包括定义、公理、定理等）和确定的规则（包括运算的定义、法则、顺序等）出发，按照逻辑推理的法则证明和计算。在解决问题的过程中，两种推理功能不同，相辅相成：合情推理用于探索思路，发现结论；演绎推理用于证明结论。

培养学生的数学推理能力，是发展和培养学生创新能力的基础，也是发展学生创新能力的必要条件。同时，推理又在很大程度上推动着学生运算能力和空间想象能力的发展，推动着学生严谨、科学的学习态度的养成。

案例一

"搭配中的乘法"片段
——借助直观动作看见"推"的过程，提升推理能力

"动作"对视觉具有一定的冲击作用。在三年级教学"有趣的搭配"

时，教师设计了让学生运用"手势语"这种直观的动作语言来外显思考过程的活动，巧妙地将搭配问题与乘法意义之间的关系借助直观动作表达了出来，为抽象出计算模型奠定了算理的支撑。

【案例描述】

课始，教师一边在黑板上贴衣服、裤子的图片（图 5-47），一边与学生交流：明明要去郊游，妈妈为他准备了 2 件上衣、3 条裤子。一件上衣搭配一条裤子，一共有多少种搭配方法？

图 5-47

面对学生异口同声说出的 6 种搭配方法，教师提出：能用你们喜欢的方式表达出你们是怎么搭配出这 6 种的吗？此时学生在题纸上表达了自己的想法。

1.反馈资源（图 5-48）。

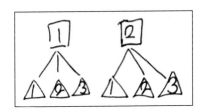 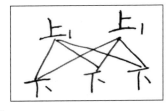

图 5-48

监控问题：能说说你们是怎么找到这 6 种搭配的吗？

2.谁能借助图画打着手势说说是怎么找到这 6 种搭配的？

生：固定一件上衣和每条裤子搭配有 3 种，再固定另一件上衣和裤子搭配又有 3 种。（学生用自己的手势表达图画的过程，手势类型如图 5-49 所示）

手势一：   手势二：

图 5-49

3. 如果再来一件上衣呢，你们会表演出来吗？

生1：（重复了一次上次的手势）再多1个3呗！

生2：都是1个3，1个3地增加的，多一件上衣，就多1个3。有几件上衣就有几个3。

4. 小结：你们的意思也就是说我们用上衣的数量乘3，就行了（板书：□×3）。

【案例分析】

面对学生的资源，教师没有只停留在图画的理解和解读上，而是在理解了图画意思的基础上，采用跟进的策略设计了让学生运用"手势语"这一直观的动作语言再次表达自己想法的活动。其目的就是将学生头脑中的图，经过动作的串联，过渡到更抽象的数字方向——形象的手势。借助手势，将搭配中暗含的乘法意义清晰地外显出来：1个3，2个3，有几件上衣就有几个3。在看得见的"推"的过程中，让学生认识到解决搭配问题，可以用乘法解决。这个小片段让我们清晰地看到了动作语言在图画语言、口头语言转换成符号语言中的作用，而推理能力的培养自然地也就在这个过程中完成了。

案例二

"同分母分数加减法"片段

——猜想、验证，发展推理能力

猜想、验证是科学研究的一般方法，根据经验猜想"可能是什么"，再运用各种方法验证"为什么"，最后得出结论，学生经历的这个过程就是在发展推理能力。三年级上册"同分母分数加减法"一课，教师让学生经历猜想计算结果、验证计算结果的过程，从而发展学生的推理能力，促使学生形成完善的思维结构。

【案例描述】

如图 5-50 所示，教师通过谈话引出要解决的问题，并引导学生列出算式：$\frac{1}{8} + \frac{2}{8}$ 后，教师说：根据直觉，你能先猜猜 $\frac{1}{8} + \frac{2}{8}$ 的和是多少吗？要说出理由哟！

图 5-50

生 1：应该是 $\frac{3}{16}$，因为 8+8=16，1+2=3。

生 2：我认为 $\frac{1}{8} + \frac{2}{8}$ 等于 $\frac{3}{8}$，$\frac{1}{8}$ 表示 1 个 $\frac{1}{8}$，$\frac{2}{8}$ 表示 2 个 $\frac{1}{8}$，合起来应该是 3 个 $\frac{1}{8}$，是 $\frac{3}{8}$。

面对学生们的猜想，教师接着提问：大家猜想的结果到底对不对，你能想办法验证一下吗？教师收集了有代表性的学生的想法进行了展示（图 5-51）。

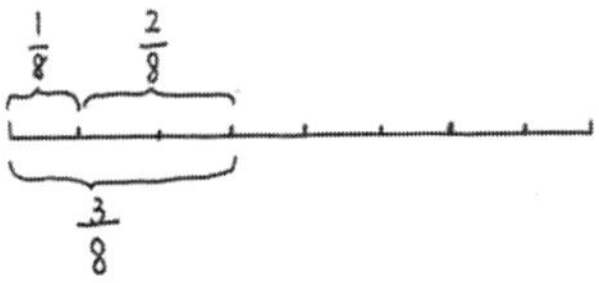

生 1 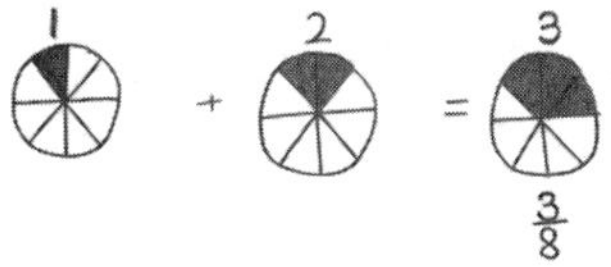   生 2

图 5-51

生 1：从图上，我们可以看出，把 1 条线段平均分成 8 份，每一份是 $\frac{1}{8}$，1 个 $\frac{1}{8}$ 加 2 个 $\frac{1}{8}$，是 3 个 $\frac{1}{8}$，应该是 $\frac{3}{8}$。

生 2：分子 1+2=3 是可以的，但是分母不能变，因为一直都是平均分成 8 份，所以应该是 $\frac{3}{8}$。

面对学生的研讨，教师及时地进行了小结：同学们通过画图的方法，验证出了 $\frac{1}{8}+\frac{2}{8}$ 应该等于 $\frac{3}{8}$，而不等于 $\frac{3}{16}$。当我们遇到一个新问题时，可以根据经验进行猜想，并运用合理的方法进行验证，从而找到正确的结论。

【案例分析】

荷兰数学教育家弗赖登塔尔认为："真正的数学家常常凭借数学的直觉思维做出各种猜想，然后加以验证。"可见在培养学生推理能力过程中运用"猜想、验证"的研究方法显得尤为重要。

案例中，学生根据问题情境列出算式后，教师没有急于让学生动笔计算，而选择了让学生先猜一猜 $\frac{1}{8}+\frac{2}{8}$ 的和是多少？其目的是培养学生的直觉思维，唤起已有的知识和经验进行猜想来解决问题。当学生有了认知冲突后，教师顺势而为，引导学生进行推理释疑：大家猜想的结果到底对不对，你能想办法验证一下吗？学生通过画图明理悟法，亲历了知识的验证过程，对所学的知识产生了深刻的感悟。

在解决问题的过程中鼓励学生猜想，充分利用直观的"形"验证释疑，很好地促进了学生由对知识的直觉、感性认识向理性认识的转化，学生的推理能力就在这样的活动中得到了提升。

案例三

"商不变的性质"片段
——探求规律，发展推理能力

小学数学教材中有很多探索规律以及运算性质的内容，这些内容都体现了对学生推理能力的培养。吴正宪老师在讲"商不变的性质"时，带领学生深入问题本质，经历探求规律的过程，以实现其思维从特殊到一般的飞跃，发展推理能力。

【案例描述】

吴老师以小猴分桃子的故事为情境，启发学生列出了两组算式后，提出了如下的问题。

师：这两组算式的商怎么就不变了？请你任选其中的一组算式，把你的发现表示出来。

（学生小组研究）

师：谁来说说你们的研究过程和发现？

学生展示：

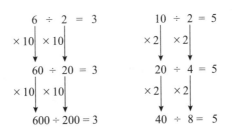

师：你们能根据自己的这个发现，再写出几组这样的算式吗？

生1：4÷2=2   40÷20=2   400÷200=2

生2：8÷2=4   16÷4=4   32÷8=4

生3：20÷5=4   40÷10=4   80÷20=4

……

师：你们说得完吗？

生：永远都说不完，太多了！一辈子也说不完了！

师：这个一辈子也说不完的事，你们能不能用一句话或者一个式子来表示？

（学生自己静下心来反思学习过程，尝试写出自己的感悟。）

师：展示一下你们的想法。

生1：我发现怎么也写不完，永远也写不完。

生2：商与被除数、除数有关系。

师：你们想问他点什么？

众生齐问：到底有什么关系？

生2：我发现它（被除数）乘2，它（除数）也乘2，商就不变。

生3：你乘10，我乘10，商就不变。

生4：你乘几，我乘几，商就不变，不管什么样的除法算式，都是这样的。

师：这个你是谁？我是谁？商才不变呢？

生4：你就是被除数，我就是除数。

师：看她就把前边你们所表达的意思总结出来了。3号同学，你面对他的总结有什么要说的吗？

生3：我的没有把他们所有的说全，还有的不是乘10呢，她的就把所有的说全了。在总结什么时，要把所有的情况都包起来。

（学生觉得自己的表达还不能够完全表达自己的意思，还夸张地做了一个手势，仿佛把一切事物都包在了一起。）

师：对呀，要把所有的说全了，刚才有些同学的帽子有点儿小了。我看到有的人还是这样总结的，你有什么想法吗？

被除数 ÷ 除数 ＝ 商

×□ 　 ×□ 　 商不变

生：我觉得还可以把方框变成 ×x 　 ×x。

师：你的 x 代表什么？

生：要是 5 就都是 5，要是 10 就都是 10。这个就是说，以后只要被除数、除数同时乘一个相同的数，商就是不变的。

【案例分析】

吴老师的课堂，总是给人一种如沐春风的感受，但在这种感受之后，你会发现还有更深刻的启示蕴含在里面。这种启示就是对知识本质的深刻把握，润物细无声，而又深入心底。

探寻"商不变的性质"的过程，其实是学生实现其思维由对一般个别事物或现象的认识到推出该类事物或现象普遍性规律的认识过程。这一过程，其实就是我们常常所说的归纳推理。吴老师通过对环节的巧妙设计，带领学生经历了一个逐渐递进的推理过程。

首先，吴老师有意识地引导学生写出几组算式，通过对这几组算式的观察、研究，让学生触摸到了"商不变的性质"：这样的算式一辈子也写不完。其次，吴老师放手让学生自己去归纳、推理表征出"商不变的性质"。为了让学生清楚地发现这一处美妙的"风景"，吴老师问："这个一辈子也说不完的事，你们能不能用一句话或者一个式子来表示？"看似平常的问题却给学生指引了方向，使学生深入问题本质，不断地探寻规律。就算发现了"最佳总结"（4 号同学），吴老师也没有一锤定音，而是让学生自己去比较、去评价。在拉长推理过程理解的路途上，学生看着自己来时的路，在一组组有规律的符号的视觉冲击下，随着理性选择的推进，终于发现这"永远写不完"的算式可以用文字或字母来表述，完成了"商不变的性质"的归纳。

在这个逐渐递进的探究过程中，展现了学生真实的学习过程和学习状态。学生真切地经历着从模糊感知到抽象概括，实现了质的飞跃，学生的归纳推理能力得到有效提升。

案例四

"推理——猜猜我的书"片段
——借助言语表达，发展推理能力

推理是数学的基本思维方式，它通常以一种隐性的思维活动存在。教学中，需要将学生的所思所想外显，并引导学生有序地表达。用言语表达，是培养学生推理能力的有效手段。二年级"推理——猜猜我的书"一课，教师注重让学生用言语表达，并指导学生有序地表达自己的推理过程与结论，使学生的思维有逻辑，进而促进其推理能力的发展。

【案例描述】

在学生知道今天学习的内容是"推理"之后，教师创设了猜书的活动：根据图中的信息，你能猜出小丽和小刚拿的分别是什么书吗？在学生理解了题目的信息之后，教师提出了活动要求：用你喜欢的方式表达解决问题的过程。

图 5-52

学生们用不同的方式表达了自己的想法（图 5-53）。

方式一：   方式二：

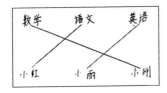

图 5-53

面对全班近乎百分百的正确率，教师针对学生的作品故作疑惑：你们是怎么知道每个人拿的是什么书的？谁来指着自己写的说一说？（学生开始争先恐后地回答）

生1（指着方式一）：您看，小红说了，她拿的是语文书，所以小丽拿的就是英语书，小刚拿的就是数学书。

生2：他没说清楚，他只说小红拿的是语文书，没说小丽拿的不是数学书，都说了，才能知道小丽拿的是英语书，小刚拿的就是数学书。

生3（指着方式一）：因为小丽说了她拿的不是数学书，小红说了她拿的是语文书，我们就知道小刚拿的就是数学书，小丽拿的是英语书。

生4（指着方式二）：小红拿的是语文书，还剩下英语书和数学书，小丽拿的不是数学书，那小丽拿的就是英语书，小刚拿的就是数学书。

……

面对学生的解释，教师没有草草收尾，而是进行了适时引导："根据题目的信息，同学们都解释了自己是怎么猜出小丽和小刚拿的是什么书的，现在老师给你们几个词（师板书：根据……推断出……又根据……推断出，或者因为……所以……又因为……所以），用这几个词把你刚才说的话整理整理，一会儿再来讲一讲，我们看看谁讲得最明白！"

生1：因为小红说自己拿的是语文书，小丽说自己拿的不是数学书，所以小丽拿的是英语书，小刚拿的就只能是数学书了。

生 2：根据小红说自己拿的是语文书，推断出小丽拿的是数学书或者英语书；又根据小丽说自己拿的不是数学书，推断出小丽拿的是英语书，所以小刚拿的只能是数学书。

生 3：因为小丽拿的不是数学书，所以小丽拿的是语文书或者英语书；又因为小红拿的是语文书，所以小丽拿的一定是英语书，小刚拿的一定是数学书。

······

【案例分析】

学生推理能力的形成不是一蹴而就的，它需要一个长期培养的过程。教学中，教师通过引导学生用充分的言语进行有条理地表达，训练学生思维的逻辑性，发展学生的推理能力。

二年级学生对简单推理知识的理解难度不是很大，但是用简洁的语言有条理地表达推理过程还是有一定难度的。为了很好地突破这一难点，教师给予学生充分用"言语"表达的机会。抓住"说"这个关键，教师从两个层次引导学生去"说"清楚自己的想法。首先，是"随意"地"说"出自己的所思所想。在"随意说"的过程中，学生们的推理过程外显了出来，使学生明晰结论的获得离不开已知信息的支撑。其次，是"有序"地"说"。教师适时提供类似"根据……推断出……又根据……推断出，或者因为……所以……又因为……所以"的词语，帮助学生梳理话语系统，有根有据地将自己的推理过程讲清楚、说明白，体现了把思维培养当作教学第一要务的想法。

语言的背后是思维，只有想得清，才能说得明。因此只有当学生的推理过程浮出水面，教师才能够帮助学生梳理其推理过程，并对其推理的方法和路径进行有的放矢的指导，这是思维走向深处的关键。学生在畅所欲言的过程中不断回放自己的思考过程，在回放的过程中梳理、完善，提升推理能力。

参考文献

[1] 中华人民共和国教育部.义务教育数学课程标准（2011 年版）[S].北京：北京师范大学出版社，2012.

[2] 马芯兰.小学数学能力的培养与实践 [M].济南：山东教育出版社，2000.

[3][美] 布鲁纳.教育过程 [M].邵瑞珍，译.北京：文化教育出版社，1982.

[4] 田晓月.基于学生理解表现的数学教学设计研究 [D].福州：福建师范大学，2016.

[5] 董文彬.基于度量角度整体把握数的运算教学 [J].新课程研究，2019（18）.

[6] 谭彩红.提高小学生质疑能力的数学课堂教学研究 [D].武汉：华中师范大学，2018.

[7] 郜舒竹.让学生经历"植树问题"反建模的过程 [J].教学月刊小学版（数学），2017（10）.

[8] 陈宝红.聚焦科学活动的梯度 [J].江苏教育研究，2009（2）.

[9] 温寒江.小学数学两种思维结合学习论——马芯兰教学法的研究与实践 [M].北京：教育科学出版社，2016.

[10] 徐丹.关于数学迁移能力培养的实践与研究 [D].沈阳：辽宁师范大学，2011.

[11] 朱姣姣 . 数学思想方法在小学数学活动教学中的渗透研究 [D]. 重庆：重庆师范大学，2016.

[12] 韦杰 . "情景＋问题串" ——串出来的精彩 [J]. 中文科技期刊数据库（引文版）教学研究，2017（10）.